KB178966

클라우지우스가 들려주는 엔트로피 이야기

클라우지우스가 들려주는 엔트로피 이야기

ⓒ 곽영직, 2010

초 판 1쇄 발행일 | 2005년 12월 16일
개정판 1쇄 발행일 | 2010년 9월 1일
개정판 12쇄 발행일 | 2021년 5월 28일

지은이 | 곽영직
펴낸이 | 정은영
펴낸곳 | (주)자음과모음

출판등록 | 2001년 11월 28일 제2001−000259호
주 소 | 04047 서울시 마포구 양화로6길 49
전 화 | 편집부 (02)324−2347, 경영지원부 (02)325−6047
팩 스 | 편집부 (02)324−2348, 경영지원부 (02)2648−1311
e−mail | jamoteen@jamobook.com

ISBN 978−89−544−2073−0 (44400)

클라우지우스가
들려주는

엔트로피
이야기

| 곽영직 지음 |

엔트로피가
커지고 있네

|주|자음과모음

클라우지우스를 꿈꾸는 청소년을 위한
'엔트로피' 이야기

엔트로피라는 개념은 자연에서 일어나고 있는 변화의 방향을 제시해 주는 매우 중요한 물리량입니다. 엔트로피는 열이 왜 높은 온도에서 낮은 온도로 흐르는가 하는 문제를 고민하던 과학자들에 의해 제안되었습니다. 그런 학자들 중의 한 사람이 클라우지우스입니다. 독일의 클라우지우스가 처음 제안하고 헬름홀츠, 볼츠만 등에 의해 발전된 엔트로피의 개념은 자연 현상을 이해하는 새로운 방법을 제시했습니다.

이 책에서는 열과 관계된 현상이 이해되어 가는 과정과 엔트로피의 개념이 등장하여 발전되어 가는 과정을 다루었습니다. 열이 무엇인가 하는 문제에 대한 해답이 얻어지는 과정에서부터 엔트로피라는 양이 제시되고 그것이 원자론적으로 설명되어 가는 과정이 잘 나타나 있습니다. 따라서 이 책을 읽는 독자들은 열과 관계된 현상이 밝혀지는 과정을 이해할 수 있게 되는 것은 물론, 하나의 과학 분야가 나타나 성장 발전해 가는 과정을 살펴볼 수 있을 것이라고 기대합니다.

1800년대 후반에 열 물리학 발전을 위해 동분서주하던 클라우지우스에게 당시 사람들이 열을 어떻게 이해하고 있었는지 그리고 엔트로피라는 양을 왜 도입하게 되었는지를 직접 들을 수 있는 것은 뜻깊은 일이라고 생각합니다. 물론 클라우지우스가 우리에게 직접 강의를 해 줄 수는 없지만 그 사람의 입장으로 돌아가서 그가 하고 싶었을 것이라고 생각되는 이야기를 해 보려고 노력해 보았습니다. 이런 과정에서 클라우지우스라는 사람에 대해서 많은 사실들을 새롭게 알게 된 것이 저자에게도 커다란 즐거움이었습니다. 여러분도 이 책을 읽으면서 저자가 가졌던 즐거움을 나누어 가질 수 있으면 좋겠다는 생각을 해 봅니다.

곽 영 직

차례

나를 소개할까요?

열역학 제1법칙과 제2법칙은 누가 발견했을까요?
열역학 법칙을 발견한 클라우지우스에 대해 알아봅시다.

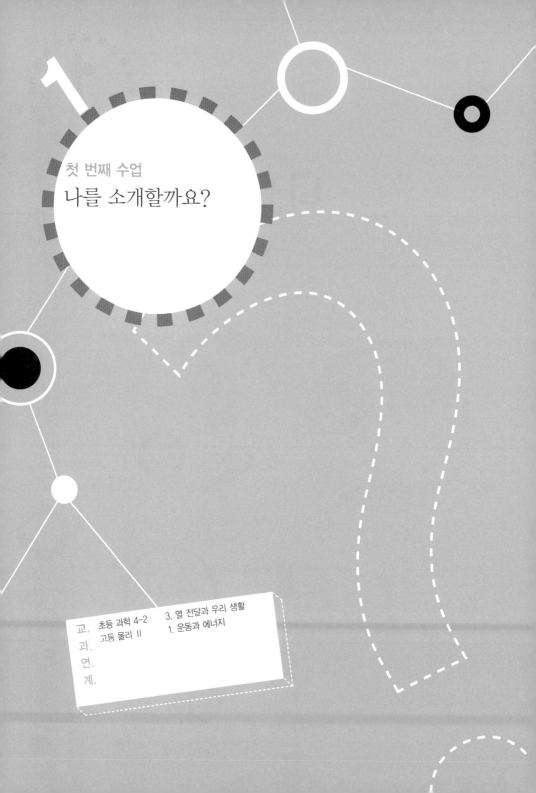

첫 번째 수업

나를 소개할까요?

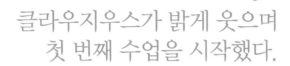

클라우지우스가 밝게 웃으며
첫 번째 수업을 시작했다.

　여러분, 안녕하세요? 나는 클라우지우스예요. 정식 이름은
루돌프 J.E. 클라우지우스랍니다. 여러 학생들 중에는 내 이
름을 처음 듣는 사람이 많을 거예요. 하지만 내가 태어나서
자란 독일에서는 많은 사람들이 알아주는 유명한 과학자예
요. 세상에는 유명한 과학자들이 매우 많기 때문에 그 사람
들을 모두 기억할 수는 없을 거예요. 하지만 열역학에서 가
장 중요한 열역학 제1법칙과 제2법칙을 제안한 내 이름 정도
는 기억해 두면 좋겠죠? 이제 여러분들도 내 이름을 알게 되
었으니까 꽤 유식한 사람들 축에 들게 된 거예요.

그런데 내가 제안했다는 열역학 제1법칙과 제2법칙이 무엇이냐고요? 앞으로 9번의 수업을 통해 그 이야기를 할 테니 궁금하더라도 조금만 참아 주세요. 열이 무엇인지 설명하기 전에 우선 내 이야기를 좀 더 해야겠군요. 내가 어떤 사람인지, 내가 살던 시대에는 사람들이 열에 대해 어떻게 알고 있었는지 알아야 내 이야기가 더 실감나지 않겠어요?

　내가 태어난 해는 1822년이니까 벌써 180년이 넘었군요. 어른들이 세월이 빠르다는 이야기를 하는 것을 많이 들었을 거예요. 내가 열이 무엇인지 알아내기 위해 공부하고 실험하던 것이 얼마 전 일 같은데 벌써 100년도 넘는 오래전의 일이라니 믿어지지 않는군요.

　아버지는 교회의 목사님이셨는데 학교를 설립하여 학교 교장 선생님도 겸하고 계셨어요. 목사님이면서 교장 선생님이었으니 매우 엄격하셨을 거라는 사실은 쉽게 짐작할 수 있겠죠? 우리 아버지는 매우 엄격하신 분이었어요. 하지만 아주 자상한 분이기도 했지요. 나는 여러 형제들 가운데 여섯째였는데, 형이 다섯씩이나 있었기 때문에 어릴 때는 형들 심부름을 하느라고 힘도 들었어요. 하지만 우리 형제들은 사이가 좋아 나는 형들의 도움을 많이 받기도 했지요.

　처음 몇 년 동안 나는 아버지가 교장 선생님으로 있는 학교에 다녔어요. 그러다가 스테틴이라는 도시에 있는 고등학교로 옮겼지요. 그 당시에는 스테틴이 독일에 속해 있었지만, 지금은 폴란드 영토에 속해 있는 작은 도시예요. 내 자랑 같아 이런 말하기는 좀 쑥스럽지만 나는 고등학교 때 아주 성실한 학생이었어요. 우리 형들 중 한 명이 내가 얼마나 착실한 학생이었는지를 기록해 놓은 것이 후에 세상에 알려져 여기저기 소개되기도 했었으니까, 내가 착실한 학생이었다는 것은 믿을 수 있는 사실이에요.

나는 고등학교를 졸업하고 열여덟 살이던 1840년에 베를린 대학에 진학했어요. 하지만 그때까지도 무엇을 공부해야 할지를 정하지 못하고 있었어요. 처음에는 역사학을 공부해야 하겠다고 생각했어요. 그러다가 결국은 수학과 물리학을 공부하기로 결정했어요. 사람은 적성에 맞는 전공을 선택해서 열심히 공부해야 한다고들 하지만 막상 자기 적성이 무엇인지 알아내는 것이 생각처럼 쉬운 일은 아닌 모양이에요.

내 경우는 아주 운이 좋은 편이었어요. 조금 우왕좌왕하기는 했지만 결국은 내 적성에 맞는 물리학을 선택했고, 나름대로 업적을 남겨 100년이 훨씬 지난 지금에 와서도 여러 학생들과 이렇게 만날 수 있으니 말이에요. 나는 대학을 졸업한 후에는 잠시 고등학교에서 물리학과 수학을 가르치기도 했어요.

그러다가 스물네 살이 되던 1846년에 대학원에 입학해 다음 해 할레 대학에서 박사 학위를 받았어요. 2년 만에 박사 학위를 받는 것이 어디 있느냐고요? 지금으로 봐선 말이 안 되지요. 하지만 그때는 2년 만에도 박사 학위를 받을 수 있는 제도가 있었어요. 박사 학위를 받기 위해서는 다른 사람이 하지 않은 주제를 골라 연구를 하고, 그 내용을 연구 논문으로 써서 대학에 제출해야 했어요. 여러분들은 내가 박사 학위를 받기 위해 어떤 내용의 연구 논문을 썼는지 짐작할 수 있겠어요?

열에 대한 이야기를 하려는 것으로 봐서 '열과 관계된 연구 논문을 썼겠지' 하고 생각했다면 틀렸어요. 나의 박사 학위 논문은 왜 하늘이 '푸른색으로 보이는가?'에 대한 것이었어요. 초등학교 책에도 다 나오는 내용을 어떻게 박사 학위 논문에 썼느냐고요? 요즘 학생들은 다 알고 있는 이야기지만 그 당시에는 하늘이 푸르게 보이는 이유를 제대로 아는 사람이 없었어요. 따라서 아침저녁에는 하늘이 붉은색으로 보이는 이유도 모르고 있었지요. 하늘이 왜 파란색으로 보이는지에 대해 연구하여 논문을 쓰고 박사 학위를 받았으니까 하늘이 푸른색으로 보이는 이유를 제대로 알아냈을 거라고 생각한다면 그것도 틀렸어요.

　내가 쓴 박사 학위 논문의 내용은 사실 잘못된 것이었어요. 하늘이 푸른색으로 보이는 것은 공기가 푸른색 빛을 반사하기 때문이라고 생각했었거든요. 그런데 사실은 공기가 햇빛을 반사시키기 때문이 아니라 햇빛을 산란시키기 때문에 푸른색으로 보이는 것이에요. 그 당시에는 논문을 쓴 나도 그 논문을 심사한 심사 위원들도 그런 사실을 모르고 있었어요. 덕분에 나는 잘못된 논문을 쓰고도 1848년 7월 15일에 박사 학위를 받고 박사가 될 수 있었어요. 그렇다고 내가 엉터리 박사였던 것은 아니에요.

박사 학위를 받고 2년 후인 1850년에 열이 무엇인가에 대한 연구 논문을 써서 발표했는데, 이 논문은 역사적으로 아주 유명한 논문이 되었어요. 내가 엉터리 박사였다면 이런 일을 할 수 있었겠어요? 이 논문에는 열역학 제1법칙과 제2법칙의 내용이 들어 있었어요. 따라서 내가 일생 동안 쓴 연구 논문 중에서 가장 중요한 논문이었지요. 앞으로 여러분에게 설명할 이야기의 대부분도 이 논문 속에 들어 있어요.

　이 논문이 발표되자 독일에 있는 대학뿐만 아니라 오스트리아의 취리히 대학이나 빈 대학과 같이 외국에 있는 대학에서도 교수로 와 달라고 제안해 왔어요. 이 논문 하나로 유명 인사가 된 것이지요. 그래서 오스트리아에 있는 취리히에 있는 공과 대학 교수로 갔어요. 그러다가 1867년에 독일에 있는 뷔르츠부르크 대학으로 옮겼지요. 고국인 독일에 살고 싶었기 때문이에요. 독일에 온 후에는 뮌헨 대학을 거쳐 본 대학에 자리를 잡았어요.

　그런데 문제가 생기기 시작했어요. 철혈 재상이라는 별명을 가진 비스마르크가 독일 재상이 된 후에 독일과 프랑스 사이에 긴장이 감돌더니 1870년에는 두 나라 사이에 전쟁이 일어났어요. 이때 내 나이 마흔여덟이었어요. 군대에 가기에는 너무 많은 나이였지요. 하지만 애국심에 불타던 나는 학생들과 함께 의무 부대를 조직해서 전선을 달려갔어요. 전선에서는 부상당한 병사들을 후송하고 보호해 주는 일을 했지요. 이 일로 나는 훈장을 2개 받게 되었어요. 하나는 국가에서 주는 철십자 훈장이었고, 다른 하나는 다리에 입은 부상이었어요.

후세 사람들 중에는 나의 지나친 애국심 때문에 과학계에 여러 가지 문제를 만들었다고 비판하는 사람들도 있더군요. 과학에는 국경이 없어야 하거든요. 어느 나라에서건 새로운 사실이 발견되면 그것을 받아들여야 하고, 내가 발견한 사실들을 널리 알려야 하지요. 당시 열에 관한 연구는 독일에서

독일 과학자가 짱이라고.

도 진행되고 있었지만, 영국과 프랑스에서도 진행되고 있었어요. 하지만 나는 조국인 독일을 사랑한다는 이유로 다른 나라 학자들이 이루어 낸 업적을 인정하지 않으려고 했어요. 사실 그것은 잘한 일이 아니에요. 더구나 과학자는 그래서는 안 되지요. 지금처럼 교통과 통신이 발달한 시대에는 그러한 편협한 애국심은 과학 발전을 위해서나 나라의 발전을 위해서나 도움이 안 되지요.

하지만 쉰 살이 넘은 나이에도 불구하고 위험을 무릅쓰고 전쟁터로 달려 나간 것에 대해서는 나는 늘 자랑스럽게 생각하고 있어요. 전쟁이라는 것이 좋은 일은 아니지만, 전쟁이 나면 누군가는 나라를 지켜야 하잖아요. 서로 전쟁터에 나가지 않으려고 한다면 결국은 모두가 망하게 될 거예요. 어떤 나라 사람들은 군대에 가지 않으려고 여러 가지 속임수를 쓰기도 한대요. 나는 그런 사람들이 있다는 것을 정말 이해할 수 없어요. 내 나라를 내가 지키지 않으려고 한다면 누가 지켜 주겠어요?

전쟁이 끝난 후에도 나에게는 아직 시련이 끝나지 않았어요. 아내가 여섯째 아이를 낳다가 그만 죽었기 때문이지요. 그래서 나는 아이들을 돌보는 일까지 맡아야 했어요. 사람들은 내가 아주 자상한 아빠라고 칭찬해 주었지만, 연구해야 할 시간을 아이들을 돌보는 데 빼앗겨야 하는 것은 안타까운 일이었지요. 더구나 나는 전쟁에서 입은 부상 때문에 다리를 제대로 쓸 수가 없었어요. 그래서 아이들을 돌보는 일이 쉽지 않았어요.

아픈 다리 때문에 학교에 오고 갈 때는 주로 말을 타고 다녔어요. 말을 타고 다녔다니까 부럽게 생각하는 학생들도 있을지 모르겠군요. 하지만 내가 살던 시대에는 자동차 대신 말을 타고 다녔어요. 따라서 말을 타고 다니는 것이 그리 유별난 일은 아니었어요. 이런 어려움 가운데서도 나는 1884년에 본 대학의 총장이 되었고, 다시 결혼도 했어요.

하지만 죽을 때까지 내가 가장 관심을 가졌던 것은 열이 무엇인가 하는 것과 왜 열은 높은 온도에서 낮은 온도로만 흐르는가 하는 것이었어요. 그러니까 앞으로 내가 여러분들에게 해 줄 이야기도 이 2가지에 대한 것이에요.

자, 이제 이 정도로 내 소개를 했으면 열역학 제1법칙과 제2법칙을 발견한 독일의 루돌프 클라우지우스가 어떤 사람인지 정도는 알게 되었겠지요? 이제 앞으로 열역학 제1법칙과 제2법칙이 얼마나 중요한 법칙들인지를 이야기하고 나면, 나에 대해서 이 정도는 알아 두는 것이 좋겠구나 하는 생각을 하게 될 거예요.

내 소개를 하다 보니까 이야기가 너무 길어졌군요. 오늘은 첫 번째 강의니까 내 소개만 하고 본격적인 엔트로피 이야기는 내일부터 하기로 하겠어요.

1822년 독일 포메른 주 쾨슬린

사내아이입니다.

이름은 루돌프 클라우지우스로 지어야겠군.

1840년 베를린 대학, 18세의 클라우지우스

그래, 역사학보다는 수학과 물리학을 공부해야겠어.

열역학 제1법칙과 제2법칙을 설명하겠습니다.

1850년 할레 대학, 28세의 클라우지우스

1870년 프랑스-프로이센 전쟁, 48세의 클라우지우스는 의무 부대를 조직해서 전선에 뛰어들었다.

1871년 철십자 훈장을 받는 49세의 클라우지우스

클라우지우스는 국가를 위해 헌신적으로….

1884년 본 대학의 총장실, 62세의 클라우지우스

왜 열은 높은 온도에서 낮은 온도로만 흐르는 것일까?

열과 열기관

열이란 무엇일까요?
열과 열을 효율적으로 이용하는 열기관에 대해 알아봅시다.

2

두 번째 수업

열과 열기관

클라우지우스가
본격적인 엔트로피 이야기로
두 번째 수업을 시작했다.

　이제 본격적으로 엔트로피 이야기를 시작해야겠군요. 엔트
로피 이야기를 하려면 우선 열에 대한 이야기부터 해야 해
요. 열이란 과연 무엇일까요? 차가운 물건을 만져 보고 다음
에 뜨거운 물건을 만져 보세요. 너무 뜨거운 물건을 만지지
는 마세요. 데일 수도 있으니까요. 뜨거운 물건을 만지면 따
뜻한 기운이 전해 오지요? 그것은 뜨거운 물건에는 따뜻한
느낌을 만들어 내는 무엇이 들어 있기 때문이에요. 그것이
무엇일까요?
　요즈음 과학을 배운 학생들에게는 이건 아주 쉬운 문제일

거예요. 하지만 내가 태어났던 1800년대 초에는 과학자들도 열이 무엇인지 잘 모르고 있었어요. 그래서 열이 무엇인지 알아내기 위한 연구를 하는 사람들이 많았지요. 그런 학자들의 연구 덕분에 오늘날 많은 사람들이 열이 무엇인지 알게 되었고 또 열을 효과적으로 이용하는 방법을 알게 되었어요.

여러분은 혹시 열기관이라는 말을 들어 본 적이 있나요? 들어 본 적이 있다고요? 열기관이라고 하니까 열을 만들어 내는 기계라고 생각하는 사람들도 가끔 있더군요. 하지만 열기관은 열을 만들어 내는 기계가 아니라 열을 이용하여 물체를 움직이는 동력을 만들어 내는 기계를 말해요.

자동차 엔진은 대표적인 열기관이에요. 엔진 안에서 연료를 태울 때 생긴 열을 이용하여 자동차를 움직이도록 하는 것이 자동차 엔진이거든요. 자동차 엔진을 비롯한 열기관은 우리 생활에 아주 폭넓게 쓰이고 있어서 매우 중요해요. 따라서 과학자들은 좋은 열기관을 만들기 위해 많은 노력을 하고 있지요. 하지만 열이 무엇인지 그리고 어떻게 작동하는지 잘 알지 못하면 좋은 열기관을 만들 수 없어요.

1800년대부터 열에 대한 연구를 하는 학자들이 많아졌던 것은 이 때문이에요. 아직 열이 무엇이지 잘 모르던 이 시기에 벌써 증기 기관과 같은 열기관들이 사용되고 있었거든요.

열기관은 열을 만들어 내는 기계인가요?

질문입니다.

열기관은 자동차 엔진처럼 열을 이용해 동력을 얻어내는 기계를 말해요.

좋은 질문이에요.

증기 기관은 불을 때서 물을 끓일 때 나오는 수증기의 힘을 이용하는 기관이에요. 열이 무엇인지 모르면서도 증기 기관과 같은 열기관을 만들 수 있었던 것은 살아가면서 열을 늘 접촉해서 열에 익숙해 있었기 때문이었어요. 영국의 제임스 와트(James Watt, 1736~1819)가 끓는 물이 들어 있는 주전자의 뚜껑이 들썩거리는 것을 보고 수증기의 힘을 이용하여 열기관을 만들었다는 이야기는 다 알고 있을 거예요.

하지만 열기관을 처음 발명한 것은 제임스 와트가 아니었어요. 제임스 와트가 증기 기관을 발명한 것은 대략 1780년이었어요. 그러니까 내가 태어나기 40여 년 전이었지요. 하지만 그

이전에도 증기 기관이 이미 사용되고 있었어요. 불을 때서 물을 끓이면 수증기가 만들어지는데, 물이 수증기가 되면서 부피가 팽창하면 큰 힘으로 물체를 밀어내게 되지요. 이 힘을 이용하여 움직이는 장치가 증기 기관이에요. 1600년대에 뉴커먼(Thomas Newcomen, 1663~1729)이라는 사람이 수증기의 힘을 이용하여 광산에서 물을 퍼올리는 기계를 만들어 사용했어요. 제임스 와트는 1763년 글래스고 대학에 있던 뉴커먼의 증기 기관 모형이 고장 난 것을 수리하게 된 것을 계기로 증기 기관에 관심을 가지게 되었지요.

그러니까 어린 시절 제임스 와트의 주전자 뚜껑 이야기는 후에 누가 지어낸 이야기일 가능성이 커요. 매사에 관심을 가지다 보면 이런 훌륭한 발명도 할 수 있다는 교훈을 주기 위해서 만들었을 거예요.

하지만 이런 이야기는 우리들에게 교훈을 주기보다는 실망감만을 주기도 하지요. '제임스 와트가 어린 시절에 관찰한 것과 같은 날카로운 관찰을 하지 못한 나는 제임스 와트같이 훌륭한 발명가가 될 수는 없을 거야' 하고 생각할지도 모르거든요.

하지만 누구나 성실하게 자신의 일을 하다 보면 훌륭한 일을 할 수 있는 기회는 언젠가는 꼭 찾아오는 거예요. 또 위대한 업적을 남기지 못한다고 해도 성실히 살았다는 것 자체가 큰 보람이 될 수도 있고요.

제임스 와트가 뛰어난 관찰력을 지닌 천재였는지는 확실하지 않지만 성실하고 부지런한 사람이었던 것만은 확실해요. 그는 고장 난 뉴커먼의 증기 기관을 곧 수리하고는 좀 더 좋은 증기 기관을 만들어 보아야 하겠다고 마음먹었어요. 그래서 뉴커먼의 증기 기관보다 훨씬 성능이 좋은 증기 기관을 만들 수 있었어요.

제임스 와트가 발명한 증기 기관은 산업 혁명의 원동력이 되었어요. 증기 기관이 나오기 전에는 물건을 옮기거나, 물건을 만들기 위해 기계를 돌리는 일을 모두 사람이나 동물의 힘으로 해야 했어요. 따라서 한꺼번에 많은 일을 할 수 없었지요. 그러나 증기 기관을 이용하게 되자 많을 일을 쉽게 할 수 있게 되었고, 한꺼번에 많은 물건을 만들 수 있게 되었어요. 손으로 물건을 만드는 것을 수공업이라고 해요. 기계를 이용하여 많은 물건을 만드는 것을 기계 공업이라고 하지요. 그러니까 증기 기관의 발명으로 수공업이 기계 공업으로 바뀌기 시작했어요.

제임스 와트가 개량한 증기 기관은 광산이나 탄광에서 물을 퍼올리는 데는 물론 옷감을 짜는 방직 기계를 돌리는 데도 사용되었고, 철공소에서 화로에 쓰이는 풀무를 움직이는 데도 사용되었어요. 증기 기관이 이렇게 널리 사용되자 물건을 만들어 내고, 그것을 옮기는 방법이 크게 발전하게 되었어요. 이것을 산업 혁명이라고 해요. 이렇게 널리 쓰이는 증기 기관을 만든 사람이 제임스 와트이기 때문에 제임스 와트가 증기 기관을 발명했다고 하는 거예요. 뉴커먼의 증기 기관은 성능도 좋지 않았고 광산에서만 사용되었으니까요.

제임스 와트의 증기 기관을 이용하여 철로 위를 달리는 증기 기관차를 처음 만든 사람은 스티븐슨(George Stephenson,

1781~1848)이라고 알려져 있어요. 하지만 증기 기관차를 처음 발명한 사람 역시 스티븐슨은 아니었어요. 증기 기관으로 바퀴를 회전시켜 달리는 기관차를 처음 만든 것은 제임스 와트가 증기 기관을 발명한 직후인 1769년의 일이었어요. 프랑스의 퀴뇨(Nicolas Cugnot, 1725~1804)라는 사람이 철로 위를 시속 3.6km의 속도로 달리는 증기 기관차를 만들어 15분간 움직이는 실험을 해 보였어요. 하지만 속도가 느렸고 힘이 강하지 못해 실용적으로 사용할 수는 없었지요. 걷는 것보다 느린 기차가 무슨 소용이 있겠어요. 그 후 더 좋은 증기 기관차를 만들어 내려는 사람들이 많이 나타났지만 큰 힘을 가지고 빠르게 달리게 하는 데는 실패했어요.

영국의 스티븐슨이 증기 기관차에 관심을 가지고 증기 기관에 대한 연구를 시작한 것은 1814년 무렵부터였어요. 그리고 스티븐슨이 만든 증기 기관차가 스톡턴과 달링턴 사이를 처음으로 달린 것은 1825년이었으니까 내가 세 살 때의 일이었지요. 증기 기관차가 만들어지기 전에도 철도가 있었어요. 그러나 이때는 철로 위에 놓인 기차를 말이 끌었어요. 말은 철로가 놓이지 않은 길도 달릴 수 있기 때문에 철로가 꼭 필요한 것은 아니었지만, 철로 위에 수레를 올려놓으면 훨씬 움직이기 쉬웠지요. 따라서 많은 짐을 운반하기 위해 철로

스티븐슨이 만든 증기 기관차

위를 달리는 수레를 말이 끌었던 것이지요.

그러나 스티븐슨이 만든 증기 기관차는 90톤이나 되는 열차를 시속 16km/h의 속도로 달릴 수 있었어요. 우리가 보통으로 걷는 속도는 약 5km/h 정도예요. 그러니까 스티븐슨의 증기 기관차는 사람 150명의 몸무게와 맞먹는 무거운 기관차를 걷는 것보다 3배 정도 더 빨리 움직일 수 있었어요. 요즘의 기차와 비교하면 느림보였지만 당시로서는 대단한 발명이었지요. 4년 후인 1829년에 만든 증기 기관차는 리버풀과 맨체

스터 사이를 시속 48km/h나 되는 속력으로 달렸다고 하니까 증기 기관차가 빠르게 발전했다는 것을 알 수 있을 거예요.

아직 열이 무엇인지 모르고 있었지만 열을 이용하는 증기 기관은 이렇게 빠른 발전을 거듭했어요. 증기 기관차가 성공을 거두어 많은 사람들이 기차를 이용하게 되자 증기의 힘을 배에도 이용하려는 사람들이 나타나기 시작했어요. 그때까지는 배는 사람의 힘이나 바람의 힘을 이용해 움직였어요. 폭이 좁은 강을 건널 때는 노를 젓거나 삿대질을 하는 것이 보통이었지요.

하지만 사람의 힘만으로는 큰 바다를 항해할 수가 없었어

요. 그래서 바람을 이용하기 위해 큰 돛을 단 배가 등장했지요. 때로는 노와 돛을 같이 사용하기도 했지만요. 로마 시대의 영화를 보면 배 맨 아래층에 밧줄로 묶인 노예들이 북소리에 맞추어 노를 젓는 모습을 볼 수 있잖아요. 그러니까 배에 증기 기관을 이용해 보려는 사람이 나타났던 것은 당연한 일이었을 거예요.

증기 기관을 이용하여 움직이는 증기선을 발명하려고 시도한 사람도 여럿 있었어요. 공식적으로는 1807년에 미국의 로버트 풀턴이라는 사람이 처음으로 허드슨 강에서 증기선을 운행한 것으로 되어 있어요. 증기선은 사람이나 바람의 힘을 이용하는 배보다 훨씬 빠르게 그리고 멀리 운행할 수가 있었어요. 따라서 증기선은 빠른 속도로 발전하게 되었지요. 풀턴이 허드슨 강에서 증기선을 운행한 이후 5년 동안에 풀턴의 증기선은 10척으로 늘어나 미시시피 강에서도 운행되기 시작했어요.

대서양을 횡단하는 증기선이 처음으로 나타난 것은 1819년이었어요. 서배너 호는 증기 기관을 이용하여 1819년 5월 24일부터 6월 20일까지 27일 11시간 동안에 미국의 서배너에서 영국의 리버풀까지 항해했어요. 이것은 바람이 불지 않는 계절에도 대서양을 건널 수 있다는 것을 뜻했지요. 유럽

여러 나라들이 미 대륙으로, 아프리카로, 그리고 아시아로 세력을 넓힐 수 있었던 것도 증기선의 덕분이었어요.

이런 모든 일들은 내가 태어나기 전이거나 태어난 직후에 있었던 일이었어요. 나무나 석탄을 때서 열을 만들고, 이 열로 물을 끓인 다음 이때 나오는 수증기의 힘을 이용하는 증기 기관은 이제 없어서는 안 될 중요한 기계가 되었지요. 그래서 과학자들과 기술자들은 좀 더 큰 힘을 낼 수 있는 증기 기관을 만들려고 노력하게 되었지요. 그러나 그렇게 하기 위해서는 열이 무엇인지, 그리고 열이 어떻게 움직이는 힘으로 바뀌는지를 알아야 했어요.

그런 것을 모르고도 증기 기관과 증기 기관차를 만들었고 증기선이 대서양을 횡단하고 있는데, 굳이 그런 것을 알 필요가 어디 있느냐고 생각하는 사람도 있을 거예요. 하지만 과학자들은 2가지 이유로 열에 대한 것을 연구하지 않을 수가 없었어요.

하나는 그냥 알고 싶었기 때문이에요. 인류가 과학을 발전시킨 가장 중요한 이유는 우리가 살고 있는 자연과 지구, 그리고 우주에 대해 알고 싶다는 것 때문이었어요. 열이 우리 생활에 두루 이용되고 있는데도 열에 대해 모른다는 것은 과학자 입장에서 보면 있을 수 없는 일이었지요.

열이 무엇인지를 알아내고야 말겠다는 과학자들의 집념이 열에 대한 여러 가지 이론을 알아내는 가장 중요한 계기가 되었지만, 실용적인 이유도 열에 대한 이론을 발전시키는 데 중요한 역할을 했어요. 날이 갈수록 열기관은 널리 사용되고 있는데 열을 제대로 이해하지 못하고는 성능이 좋은 열기관을 만들 수가 없다는 것을 알게 된 것이지요.

시간이 지날수록 새로운 열기관이 등장하여 열기관의 성능이 좋아지기는 했지만, 사람들은 그것으로 만족할 수 없었어요. 그래서 항상 더 좋은 열기관을 만들기를 원했지요. 그러나 열기관을 개량하는 작업은 쉬운 일이 아니었어요. 따라서 열에 대해 체계적으로 연구해야 하겠다는 생각을 하게 된 것이지요.

　사실 열에 대한 연구가 시작된 것은 내가 태어나기 오래전부터였어요. 하지만 그전에는 오랫동안 열에 대해 잘못된 생각을 가지고 있었지요. 그러던 것이 나와 같은 시대를 살았던 과학자들에 의해 열이란 무엇인지가 정확하게 밝혀진 것이지요. 오늘은 열에 대한 과학이 발달하기 이전부터 사용되기 시작했던 열기관에 대해 알아보았어요. 그리고 이러한 열기관의 발달로 열에 대해 본격적으로 연구하지 않을 수 없게 되었다는 이야기를 했어요.

　그렇다면 이제는 열에 대한 연구가 어떻게 시작되었는지에 대해 이야기할 차례가 된 것 같군요. 다음 수업에서는 열에 대한 연구가 시작되는 시대로 돌아가 보기로 하겠어요.

증기 기관차는 누가 만들었나요?

1825년 영국의 스티븐슨이 최초로 스톡턴과 달링턴 사이를 달리는 증기 기관차를 만들었습니다. 당시 속도는 16km/h이었습니다.

겨우 16km/h밖에 안 되었어요?

당시에는 그것도 대단한 것 같은데?

맞아요. 이후 1829년에 만든 증기 기관차는 리버풀과 맨체스터 사이를 시속 48km/h나 되는 속력으로 달렸답니다.

당시 증기를 이용한 다른 교통 수단은 뭐가 있었나요?

증기선이 있는데, 1807년에 미국의 로버트 풀턴이라는 사람이 처음으로 허드슨 강에서 증기선을 운행한 것으로 되어 있어요.

시간이 지날수록 새로운 열기관이 등장하여 열기관의 성능이 좋아지기는 했지만, 사람들은 그것으로 만족할 수 없었어요.

그럼 뭐가 필요했나요?

열기관을 개량하기 위해서는 열에 대한 체계적인 연구가 필요했답니다.

아, 그래서 선생님이 열에 대해 연구하셨군요.

3

온도계 이야기

물체가 가진 열의 양은 무엇으로 측정할까요?
열을 재는 온도계에 대해 알아봅시다.

3

온도계 이야기

클라우지우스가 온도계에 관하여
세 번째 수업을 시작했다.

열에 대한 연구를 하기 위해서는 물체가 가지고 있는 열의 양이나 들어오고 나가는 열의 양을 잴 수 있어야 했어요. 물체가 가진 열의 양을 측정하는 것이 온도계예요. 따라서 열을 재는 온도계를 발명한 것이 열에 대한 연구의 시작이라고 할 수 있을 거예요.

온도계를 처음 발명한 사람은 고대 알렉산드리아 시대의 갈레노스(Claudios Galenos, 129~199)라는 의사라고 주장하는 사람도 있어요. 갈레노스는 온도에 따라 물의 부피가 변하는 것을 이용하여 온도계를 만들었다고 전해지지만 그가 만든 온도계가 어떤 모양이었는지는 자세히 알려져 있지 않아요.

　현대적 의미의 온도계를 처음 만든 사람은 이탈리아의 갈릴레이(Galileo Galilei, 1564~1642)라고 해요. 갈릴레이는 1592년에 공기가 팽창하는 정도를 측정하여 온도를 측정하는 온도계를 만들었는데, 이 기체 온도계는 온도 눈금이 없어 온도를 정확하게 측정하는 것은 불가능했다고 해요. 기체 온도계는 온도가 올라가면 공기의 부피가 늘어나는 성질을 이용하여 온도를 측정하는 온도계였어요.

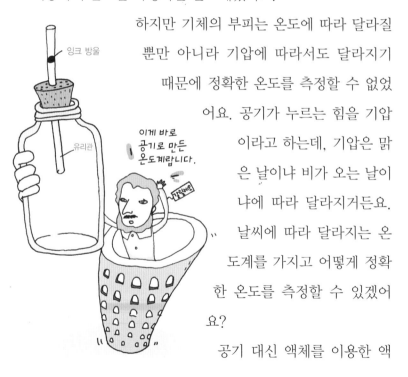

잉크 방울

유리관

이게 바로
공기로 만든
온도계랍니다.

갈릴레이

하지만 기체의 부피는 온도에 따라 달라질 뿐만 아니라 기압에 따라서도 달라지기 때문에 정확한 온도를 측정할 수 없었어요. 공기가 누르는 힘을 기압이라고 하는데, 기압은 맑은 날이냐 비가 오는 날이냐에 따라 달라지거든요. 날씨에 따라 달라지는 온도계를 가지고 어떻게 정확한 온도를 측정할 수 있겠어요?

　공기 대신 액체를 이용한 액

체 온도계가 발명되면서 정확한 온도 측정이 가능하게 되었어요. 액체의 부피도 기압에 따라 변하기는 하지만 그 변화는 정도가 아주 적어서 기압에 따른 변화는 무시할 수 있어요. 결국 액체의 부피는 온도에 의해서만 달라진다고 할 수 있지요. 따라서 액체의 부피가 변하는 것을 잘 관찰하면 온도를 알 수 있어요.

처음에는 물의 부피가 변하는 것을 이용해 온도를 측정하는 물 온도계를 만들려고 시도했어요. 하지만 물의 부피는 이상하게 변해서 온도계를 만들 수는 없었어요. 물의 부피는 온도가 내려가면 작아지다가 4℃ 이하에서는 오히려 부피가 증가하거든요. 어떤 온도에서는 온도가 올라가면 부피가 늘어나고, 어떤 온도에서는 부피가 줄어든다면 온도계를 만들 수 없겠지요?

따라서 많은 사람들은 물 대신 알코올이나 수은과 같은 액체를 이용한 온도계를 만들었지요. 온도계에 알코올이나 수은을 사용하는 것은 수은이나 알코올이 다른 액체보다 온도에 따른 부피의 변화가 크기 때문이에요. 액체를 이용하여 온도계를 만든 사람은 여러 명이었어요. 그중에는 네덜란드의 파렌하이트(Gabriel Fahrenheit, 1686~1736)와 스웨덴의 천문학자였던 셀시우스(Anders Celsius, 1701~1744)가 가장 유명하지요.

독일의 물리학자며 기상학자로 주로 네덜란드에서 활동했던 파렌하이트는 화씨 온도계를 만들었어요. 파렌하이트는 1709년에 알코올을 이용한 온도계를 만들었고, 1714년에 수은을 이용한 온도계를 만들었어요. 온도계를 만들 때는 무슨 액체를 사용하느냐 하는 것도 중요하지만 눈금을 어떻게 정하느냐 하는 것도 중요한 문제예요. 온도계를 섭씨 온도계와 화씨 온도계로 나누는 것도 사실은 온도계를 만들 때 사용한 액체에 따라 나누는 것이 아니고, 눈금을 어떻게 매기느냐에 따라 나눈 것이지요.

처음 파렌하이트가 만든 온도계에서는 소금과 얼음을 같은 양으로 섞은 물의 온도를 0℃로 잡았어요. 다시 말해 소금물이 어는 온도를 0℃로 잡은 것이지요. 소금물은 어는 온도가 물보다 낮아요. 바닷물이 강물보다 잘 얼지 않는 것은 이 때문이에요. 물속에 녹아 있는 소금의 양이 많아질수록 어는 온도는 더 낮아지지요.

처음 만든 파렌하이트 온도계에 의하면 물이 어는 온도는 30℃였고, 사람의 체온은 90℃였어요. 하지만 후에 물이 어는 온도를 32℃, 사람의 체온을 96℃가 되도록 바꾸었다가 다시 체온이 98.6℃가 되도록 바꾸었어요. 그 결과 오늘날 사

용되고 있는 화씨 온도계가 만들어졌지요. 현재 사용되고 있
는 화씨 온도계에서는 물이 어는 온도가 32℃이고, 물이 끓
는 온도가 212℃예요. 따라서 이 사이에는 180개의 눈금이
있게 되지요. 화씨 온도계는 미국을 비롯한 몇몇 나라에서
아직도 널리 사용되고 있어요.

　오늘날 세계적으로 가장 널리 사용되는 온도계를 만든 사
람은 스웨덴의 셀시우스예요. 할아버지와 아버지가 모두 대
학 교수였던 셀시우스는 1730년에 천문학 교수가 되었어요.
하지만 셀시우스는 여행을 좋아해 유럽 전역을 두루 여행하
고 견문을 넓혔다고 해요. 여행에서 돌아온 후에는 탐험대에
참가하여 북극에 가까운 지방을 탐사하고 지구가 완전한 구

가 아니라 타원체라는 것을 확인하기도 했어요. 이러한 탐험 여행으로 유명해진 그는 정부의 재정적 후원을 받아 셀시우스 천문대를 설치하기도 했지요. 이 천문대는 당시로서는 최신의 장비들을 갖추고 있었다고 해요.

오늘날의 천문학자들은 기후의 변화를 연구하는 기상학 연구는 하지 않아요. 천문학과 기상학이 전혀 다른 분야가 되었기 때문이지요. 하지만 그 당시에는 천문학자들이 기상학에 대한 연구도 했어요. 천문학자였던 셀시우스가 기후를 관측해서 기록하는 일을 했던 것은 이 때문이었어요. 따라서 셀시우스는 온도를 정확히 측정할 필요가 있게 되었어요.

그래서 그는 자연에서 일어나는 일반적인 점을 기준으로 하는 온도계를 만들어야 하겠다고 생각하게 되었지요. 그가 선택한 것은 물의 끓는점과 물이 어는점이었어요. 그는 물이 끓는 온도를 0℃로 하고, 물이 어는 온도를 100℃로 하는 온도계를 만들었어요.

그러니까 셀시우스가 처음 만든 온도계는 눈금이 거꾸로 되어 있었던 것이지요. 그가 눈금이 거꾸로 되어 있는 수은 온도계를 만든 것은 1742년이었어요. 그러나 폐결핵에 걸려 2년 후인 1744년에 마흔둘의 나이로 죽었지요. 그가 죽은 후 그의 제자가 물이 어는 온도를 0℃로, 끓는 온도를 100℃로

물이 끓는 온도를 100℃로 하고,
어는 온도를 0℃로 하면 좋겠군.

바꾸었지요. 이 온도계가 우리가 일반적으로 사용하는 섭씨 온도계예요.

섭씨 온도를 주로 사용하던 사람들에게는 화씨 온도가 낯설어 사용하기에 쉽지 않아요. 두 온도를 환산하는 식도 그렇게 간단한 식이 아니거든요. 섭씨 온도를 화씨 온도로 환산하거나 화씨 온도를 섭씨 온도로 환산할 때는 다음 식을 사용해야 해요.

$$F = \frac{9}{5} C + 32 \qquad C = \frac{5}{9} (F - 32)$$

이 식을 이용해서 암산으로 간단히 섭씨 온도를 화씨 온도로, 그리고 화씨 온도를 섭씨 온도로 바꿀 수 있겠어요? 미국과 같은 나라를 여행하면서 일기 예보를 듣다 보면 이 식을 몇 번씩이나 계산해야 해요. 파렌하이트가 왜 이렇게 복잡한 온도계를 만들었는지는 잘 알려져 있지 않지만, 겨울철의 온도가 영하로 나타나는 것을 싫어했기 때문이었다는 설이 가장 그럴 듯해요. 미국과 같은 나라에서도 일상생활에서는 모두 화씨 온도를 사용하지만 과학적 실험을 할 때는 섭씨 온도를 사용하지요.

알코올이나 수은과 같은 액체를 이용하는 액체 온도계는 우리 생활 환경에서 나타나는 온도를 측정할 때는 매우 편리해요. 하지만 액체 온도계는 사용하는 액체의 종류에 따라 측정할 수 있는 온도가 달라요. 알코올은 78.5℃에서 끓어서 기체가 되어 버리고, -114.5℃에서는 얼어 버려요. 따라서 알코올 온도계로는 78.5℃ 이상의 온도와 -114.5℃ 이하의 온도는 잴 수가 없어요. 수은은 -38.9℃에서 얼어 버리고, 356.5℃에서 기체가 되지요. 따라서 수은 온도계로는 -38.9℃에서 356.5℃ 사이의 온도만 잴 수 있어요. 알코올 온도계는 낮은 온도를 측정하는 데 사용될 수 있고, 수은 온도계는 높은 온도를 측정하는 데 사용될 수 있지요. 온도가 낮은 한대 지방에 사는 사람들은 낮은 온도까지 측정할 수 있는 알코올 온도계를 사용해야 해요.

우리 주위에서 흔히 볼 수 있는 온도계를 자세히 살펴보면 안에 들어 있는 액체가 빨간색인 것과 은색인 것이 있다는 것을 알 수 있어요. 빨간색 액체가 들어 있는 온도계는 알코올 온도계예요. 원래 알코올은 물과 마찬가지로 색깔이 없어요.

그러나 색깔이 없으면 눈금을 읽을 수 없기 때문에 빨간 색소를 섞어서 사용하지요. 푸른색이나 초록색 색소를 섞어 사용해도 되겠지만 습관적으로 붉은색을 사용하지요. 은색의 액체가 들어 있는 것은 수은 온도계인데 은색은 수은 본래의 색깔이에요. 수은은 색소와 잘 섞이지 않아 원래의 색을 그대로 사용하지요. 그래서 수은 온도계의 눈금을 읽을 때는 자세히 보아야 해요.

수은 온도계와 알코올 온도계를 자세히 관찰해 보면 또 다른 차이점을 찾아낼 수 있어요. 수은 온도계에서는 온도계

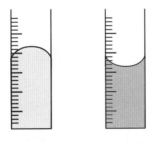

수은 온도계   알코올 온도계

기둥을 따라 올라온 수은의 윗부분이 위로 볼록하지요. 하지만 알코올 온도계에서는 온도계 기둥을 따라 올라온 알코올의 윗부분이 오목한 모양으로 되어 있어요.

수은은 온도계 기둥인 유리에 달라붙는 성질보다는 자기들끼리 뭉치려는 성질이 강하지만, 알코올은 자기들끼리 뭉치려는 성질보다는 유리에 달라붙으려는 성질이 크기 때문이에요. 따라서 온도계의 눈금을 읽을 때는 눈금의 직각 위치에서 액체 표면의 평평한 부분의 눈금을 읽어야 정확한 온도를 알 수 있어요.

수은 온도계를 다룰 때는 특히 조심해야 해요. 수은은 매우 위험한 중금속이기 때문이에요. 따라서 수은 온도계가 깨져서 수은이 밖으로 나오는 일이 없도록 해야 되지요. 수은이 밖으로 흘러나오면 환경을 오염시켜 여러 가지 문제를 일으킬 수 있으니까요. 알코올은 전혀 위험한 물질이 아니므로 그런 걱정을 할 필요는 없지만, 온도계가 유리로 되어 있어 깨지면 다칠 수 있으므로 역시 조심은 해야겠지요.

수은이나 알코올을 이용하여 만든 온도계는 우리 일상생활과 관계있는 온도를 측정하는 데 널리 사용되고 있지만, 아주 높은 온도나 낮은 온도를 측정할 때는 사용할 수 없어요. 수은 온도계나 알코올 온도계로는 철을 녹여 여러 가지 제품을 만드는 용광로 속의 온도를 잴 수는 없거든요.

그래서 과학자들은 다양한 종류의 온도계를 만들었어요. 그중에서 가장 널리 사용되는 온도계는 전기 저항을 측정하여 온도를 알아내는 전기 저항 온도계예요. 전기를 얼마나 잘 흘려보내는가를 나타내는 것을 전기 저항이라고 해요. 저항이 큰 물질은 전기가 잘 통하지 않고, 전기 저항이 작은 물질은 전기가 잘 흘러가지요. 나무나 돌멩이, 플라스틱, 비닐 같은 물질은 전기 저항이 아주 커서 전기가 전혀 흘러가지 않아요. 그러나 금속은 전기 저항이 작아 전기가 잘 통하지요.

그런데 금속의 전기 저항은 온도가 올라가면 증가해요. 따라서 온도에 따라 저항이 어떻게 달라지는지를 잘 알고 있다면, 이를 이용하여 온도를 측정할 수 있어요. 온도에 따라 저항이 달라지는 것을 측정하는 온도계에는 주로 백금 도선을 사용해요. 이러한 온도계는 높은 온도를 정확하게 측정하려고 할 경우에 사용되고 있지요.

그 밖에 열전 현상이라는 것을 이용하여 온도를 측정하는 열전쌍 온도계도 있어요. 열전 현상이란 두 금속의 전기적인 성질의 차이가 온도에 따라 달라지는 것을 말해요. 온도가 높아질수록 전기적인 성질의 차이가 커지는 두 금속을 이용하여 전기적 성질을 비교하면 온도를 알 수 있지요. 이때 전기적 성질을 비교하는 두 금속을 열전쌍이라고 해요. 용광로와 같이 온도가 매우 높은 곳의 온도를 측정할 때는 주로 이런 온도계가 사용되지요.

물체가 내는 전자기파를 이용하여 물체의 온도를 측정하는 적외선 온도계도 있어요. 모든 물체는 온도에 따라 다른 파장의 전자기파를 내거든요. 온도가 그리 높지 않은 우리 주변의 물질은 전자기파 중에서도 파장이 긴 적외선을 주로 내지요. 따라서 물체가 내는 적외선의 파장을 조사하면 물체의 온도를 알 수 있어요. 이러한 온도계를 적외선 온도계라고 하지요.

적외선 온도계는 온도를 측정하고자 하는 물체에 직접 접촉하지 않고도 온도를 측정할 수 있을 뿐만 아니라 물체의 여러 부분의 온도 분포를 알아낼 수 있는 장점이 있어요. 요즈음 병원에서는 이런 장치를 이용하여 우리 몸의 온도 분포를 알아내서 질병을 진단하기도 한다고 해요. 혈액의 흐름이 활발한 부분과 혈액의 흐름이 활발하지 않은 부분의 온도가 다르거든요.

이러한 여러 가지 온도계는 아주 낮은 온도와 높은 온도를 정확하게 측정하기 위해 고안되었어요. 그러나 내가 살던 1800년대 중반에는 수은 온도계와 알코올 온도계밖에 없었어요. 하지만 이 온도계만으로도 여러 가지 열에 대한 연구를 할 수 있었어요. 열에 대한 연구를 하기 위해서는 열을 측정할 수 있는 온도계가 있어야 했기 때문에 온도계의 발달은 열을 이해하는 데 중요한 역할을 했지요.

과학자의 비밀노트

절대 온도

물질의 특이성에 의존하지 않는 절대적인 온도를 가리킨다. 1848년 켈빈(Kelvin, 1824~1907)이 도입하였으며, 켈빈 온도 또는 열역학적 온도라고도 한다. 통계 역학적으로 엔트로피를 알면 절대 온도를 구할 수 있다. 즉 열역학 제2법칙(일곱 번째 수업 참조)에 따라 정해진 온도로, 이론상 생각할 수 있는 최저 온도를 기준으로 하여 온도 단위를 갖는 온도를 말한다. 국제도량형위원회는 모든 온도 측정의 기준으로 절대 온도를 채택하고 있다.

지금 바깥의 온도가 −10℃예요.

오늘 일기 예보에서 춥다고 했어.

선생님, 이 온도계는 누가 만들었나요?

온도계는 물체가 가진 열의 양을 측정하는 도구입니다. 오늘날 세계적으로 가장 널리 사용되는 섭씨 온도계를 만든 사람은 스웨덴의 셀시우스예요.

그가 온도계를 만들기 위해 기준으로 선택한 것은 물의 끓는점과 어는점이었는데, 그는 물이 끓는 온도를 0℃로 하고, 물이 어는 온도를 100℃로 하는 온도계를 만들었어요.

뭔가 이상한데요?

맞아요. 어는 온도가 100℃라니 말이 안 돼요.

맞아요. 셀시우스가 처음 만든 온도계는 눈금이 거꾸로 되어 있었던 것이지요.

셀시우스가 1744년에 42세의 나이로 죽은 후 그의 제자가 물이 어는 온도를 0℃로, 끓는 온도를 100℃로 바꾸었지요.

이 온도계가 우리가 일반적으로 사용하는 섭씨 온도계예요.

잘못했으면 온도계를 거꾸로 봐야 할 뻔했네요.

맞아요.

4

열소 이론

열소란 무엇일까요?
열소 이론에 대해 알아봅시다.

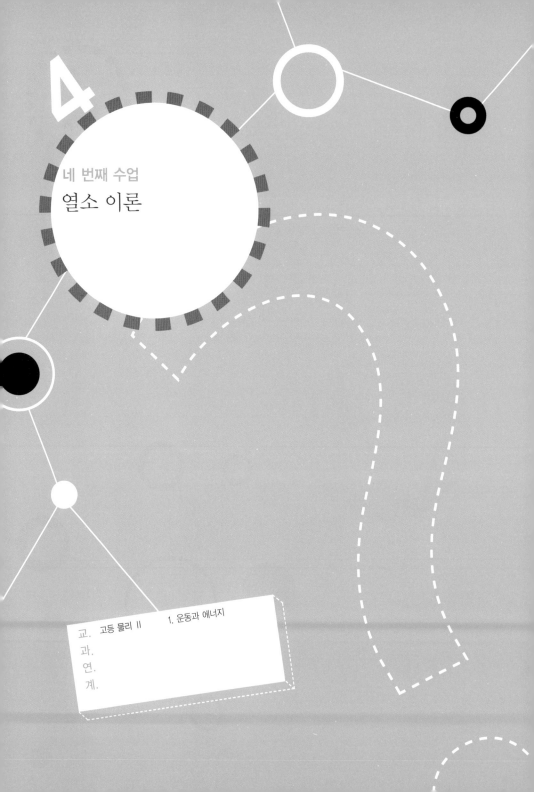

네 번째 수업

열소 이론

클라우지우스가 지난 시간에 배운
내용을 상기시키면서
네 번째 수업을 시작했다.

　앞에서 설명한 것처럼 열기관이 널리 사용되기 시작하자 열에 대한 연구를 체계적으로 해야 하겠다는 생각을 하는 학자들이 많아졌어요. 열에 대한 연구를 본격적으로 시작한 사람들은 나보다 조금 앞선 시대에 살았던 사람들이에요. 내가 열역학의 기초를 든든히 할 수 있었던 것도 사실은 선배 과학자들이 기초를 닦아 놓았기 때문이었지요.

　하지만 선배 과학자들은 오랫동안 열에 대해 잘못 생각하고 있었어요. 그래서 엉뚱한 이야기가 많이 나왔었지요. 물체를 만져 보거나 온도를 재 보면 물체가 열을 많이 가지고 있는지 그렇지 않은지 알 수 있어요. 하지만 물체 속에 열이 들어 있다고 해도, 열이 어떤 모습으로 들어 있는지 볼 수는 없어요. 그래서 초기에 열을 연구하던 과학자들은 재미난 상상력을 발휘했어요.

여러 학생들 중에는 매운 고추를 먹어 본 사람이 있을 거예요. 요즈음은 아주 매운 고추도 많더군요. 매운 고추를 먹으면 입 안이 얼얼하지요. 왜 그럴까요? 고추 속에 들어 있던 매운맛을 내게 하는 화학 물질이 나와서 입 안으로 들어갔기 때문이에요. 처음 열을 연구하던 과학자들은 매운맛을 내는 화학 물질 때문에 매운맛이 생기는 것과 마찬가지로 뜨거운 성질도 뜨거운 성질을 만들어 내는 화학 물질 때문에 생기는 것이라고 생각했어요.

뜨거운 성질, 다시 말해 열을 내는 물질을 열소라고 불렀지요. 영어로는 칼로릭(Caloric)이라고 했어요. 그러니까 뜨겁다는 것은 물질 속에 들어 있던 열소가 나와서 우리 몸에 닿았을 때 느껴지는 것이라고 생각한 것이지요. 예를 들어, 나무 속에는 열소가 들어 있었는데 톱으로 나무를 자르면 톱밥과 함께 나무에 들어 있던 열소가 나와 열이 난다는 것이었지요.

영어 단어 중에는 핫(hot)이라는 단어가 있어요. 뜨겁다는 뜻을 가진 단어지요. 그런데 이 단어에는 맵다는 뜻도 가지고 있어요. 예전 사람들이 뜨거운 현상과 매운 현상을 비슷한 현상으로 보았기 때문에 같은 단어로 나타낸 것이에요. 외국 사람과 만나서 한국 음식을 먹을 때 음식이 hot하다고 하면 외국 사람들은 음식이 뜨겁다고 하는 것인지 맵다고 하는 것인지 금방 알아듣지 못해요. 그래서 뜨겁다고 할 때는 'temperature hot'이라고 이야기해 주고, 맵다고 할 때는 'spicy hot'이라고 친절히 이야기해 주는 것이 좋아요.

1700년대 말에 프랑스의 화학자 라부아지에(Antoine Lavoisier, 1743~1794)가 만든 원소표에는 열소도 원자의 하나로 들어가 있었어요. 이것만 보아도 열이 원자와 비슷한 물질 때문에 나타나는 현상이라는 것을 얼마나 굳게 믿고 있었는지 잘 알 수 있겠지요. 초기에 열기관을 연구하던 학자들도 열은 열을 내는 물질 때문에 나타나는 현상이라는 열소설에 바탕을 두고 열기관이 작동하는 원리를 설명하려고 했어요.

열기관은 열을 이용하여 물체를 움직이는 기계라고 했던 것을 기억하고 있지요? 그런데 열기관이 작동하기 위해서는 높은 온도와 낮은 온도가 있어야 해요. 높은 온도의 물체에서 열을 받아 물체를 움직이게 하고, 열을 다시 낮은 온도로 내보내지요. 학자들은 열이 열기관을 돌리는 것을 보고 물이 물레방아를 돌리는 것과 똑같다고 생각했어요.

물이 물레방아를 돌리기 위해서는 높은 곳과 낮은 곳이 있어야 해요. 높은 곳에 있던 물이 낮은 곳으로 떨어지면서 물이 가지고 있던 에너지를 이용해 물레방아를 돌리고 물은 낮은 곳으로 흘러가잖아요. 이때 물의 양은 높은 곳에서나 낮은 곳에서나 같아요. 단지 물의 에너지가 줄어들었을 뿐이지요.

초기 학자들은 열기관도 이와 마찬가지라고 생각했었지요. 높은 온도에 있던 열소라는 눈에 보이지 않는 물질이 낮은 온도로 흘러가면서 열기관을 돌리지만 열소 자체의 양은 변하지 않는다고 생각한 것이지요.

세상의 모든 물질은 원자라는 작은 알갱이로 만들어졌다고 하는 것이 원자론이에요. 하지만 우리는 원자를 볼 수는 없어요. 원자를 볼 수는 없지만 여러 가지 실험을 통해 원자가

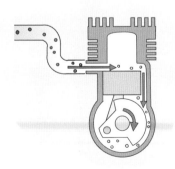

실제로 있다는 것을 믿게 되었어요. 열소도 원자와 마찬가지로 눈에는 보이지 않지만 실제로 존재한다고 생각한 것이지요.

열에 대한 연구를 본격적으로 시작한 사람 중에 가장 잘 알려진 사람은 프랑스의 카르노(Nicolas Carnot, 1796~1832)라는 사람이에요. 아버지에 의해 교육을 받은 카르노는 당시 프랑스에서 유명했던 에콜 폴리테크라는 대학을 졸업한 후 군인이 되었지요. 하지만 나폴레옹이 황제로 있을 때 정부의 장관을 지냈던 그의 아버지가 나폴레옹이 전쟁에서 진 후 독일로 망명하게 되자 군대를 나와 대학으로 돌아왔어요. 이때부터 그는 열기관에 관심을 가지고 더 성능이 좋은 열기관을 만드는 이론적 연구에 몰두하게 되었지요. 이때가 1820년경이었으니까 내가 태어나기 직전이었지요.

당시에는 이미 수증기를 이용하는 증기 기관이 널리 사용되고 있었어요. 초기의 증기 기관은 주로 영국에서 개발되었기 때문에 뒤늦게 증기 기관을 사용하기 시작한 프랑스의 증기 기관들은 성능이 별로 좋지 않았어요. 영국에서는 더 좋은 증기 기관을 만들기 위해 이미 많은 연구가 진행되고 있었거든요. 이러한 사실을 알게 된 카르노는 프랑스의 산업을 일으키기 위해서는 더 성능이 좋은 증기 기관을 만들어야 한다고 생각하게 되었지요. 그리고 성능이 좋은 증기 기관을 만들기 위해서는 우선 열에 대한 연구를 열심히 해야 한다고 생각했지요.

그는 우선 일정한 양의 수증기로부터 얻어 낼 수 있는 동력이 얼마나 되는지 알아내기 위한 수학적 계산을 시작했어요. 그의 연구는 당시 다른 학자들이 했던 연구와 비슷한 주제였지만 훨씬 더 정확한 수식을 이용해 올바른 방법으로 다루었지요. 카르노는 내가 두 살이던 1824년에 〈열의 동력에 관한 고찰〉이라는 제목의 논문을 발표했어요. 이 논문에서 카르노는 열기관의 효율은 열기관을 구성하는 두 온도에 의해서만 결정된다는 주장을 내놓았어요.

증기 기관을 비롯한 열기관이 작동하기 위해서는 높은 온도와 낮은 온도가 있어야 해요. 만약 주전자 안의 온도와 주전자 밖의 온도가 같다면 주전자 뚜껑이 들썩거리지 않을 거예요. 밖의 온도가 낮으니까 안에 있는 수증기가 밖으로 팽창하면서 뚜껑이 들썩거리게 되는 거지요.

자동차 엔진도 마찬가지예요. 엔진 안에서 연료를 태우면 엔진 안은 높은 온도가 되지요. 그러면 공기가 팽창하면서 피스톤을 밀어내 엔진이 돌아가게 되지요. 만약 엔진 바깥의 온도가 엔진 안의 온도와 같다면 엔진은 움직이지 않을 거예요. 이처럼 열기관이 작동하기 위해서는 높은 온도와 낮은 온도가 있어야 해요.

　카르노는 수학적 분석을 통해 열기관의 최고 성능은 공기를 팽창시키느냐 아니면 수증기를 팽창시키느냐에 따라 달라지는 것이 아니라, 높은 온도와 낮은 온도의 온도 차이에 따라 결정된다고 설명한 것이지요. 그의 이런 주장은 열에 대해 체계적으로 연구하는 열역학이라는 새로운 학문의 시작이 되었다고 할 수 있어요. 그가 얻은 결과는 옳은 것이었지만 그러한 결론을 이끌어 내는 과정은 옳지 않았어요. 왜냐하면 그는 아직도 열이 열소라는 물질에 의해 나타나는 현상이라고 생각했기 때문이지요.

　카르노는 열기관의 성능이 온도 차이에 의해 정해지는 것은 물이 물레방아를 돌릴 때 얼마나 큰 힘으로 물레방아를

돌리느냐 하는 것이 물이 떨어지는 높이의 차이에 의해 정해지는 것과 마찬가지라고 생각했지요.

이러한 그의 생각은 옳은 생각이 아니었지만 그가 증기 기관의 문제를 다루는 수학적 방법과 그가 얻은 결론은 열에 대한 더 나은 연구를 하는 데 크게 도움이 되었어요. 그러나 당시 카르노의 연구는 그리 많은 사람들에게 알려지지 않았어요. 하지만 후에 나는 그가 이론적으로 고안했던 카르노 엔진은 자연 법칙에 위배되지 않고 만들 수 있는 가장 좋은 엔진이라는 것을 밝혀냈지요.

그러나 이즈음에 열이 열소라는 물질에 의해 생기는 것이 아니라 운동 에너지가 변화되어 나타난 에너지라고 주장하는 사람도 나타났어요. 이런 사람들 중에는 미국에서 태어나 영국을 비롯한 폴란드, 독일, 프랑스 등에서 활동했던 럼퍼드(Benjamin Thompson Rumford, 1753~1814)라는 사람도 있었지요. 럼퍼드는 과학자로서보다는 정치가, 전략가, 사업가로 더 활발한 활동을 했던 사람이지만 열에 대한 연구로 후세에 이름을 남기게 되었지요. 취미 활동에 지나지 않았던 열에 대한 연구가 그의 본업보다 그를 더 유명하게 만든 셈이지요.

럼퍼드는 한때 대포를 만들어 파는 사업을 하기도 했었어요. 당시에는 커다란 쇳덩어리 가운데를 드릴로 뚫어서 대포를 만들었지요. 드릴로 쇳덩어리 한가운데를 뚫으면 부스러기가 나오면서 열이 발생했어요. 처음에는 그도 다른 사람들처럼 금속 사이에 잡혀 있던 열소가 나와서 열이 생기는 것이라고 생각했어요.

하지만 그런 설명으로는 도저히 이해할 수 없는 현상들이 발견됐어요. 드릴이 날카로워서 금속이 잘 깎여 나가 많은 부스러기가 쌓일 때는 오히려 열이 덜 발생하고, 드릴이 무뎌져서 금속이 잘 깎여 나가지 않을 때는 오히려 열이 더 많이 발생했거든요.

그뿐만 아니라 금속을 깎아 낼 때 열이 얼마나 많이 나오는지 그 열을 모으면 금속을 녹이고도 남을 정도라는 것을 알게 되었지요. 금속 속에 그렇게 많은 열을 낼 수 있는 열소를 가지고 있었다는 것을 믿을 수가 없었지요.

게다가 금속을 깎을 때 나오는 부스러기는 이제 열소를 모두 빼앗겨 버려 열의 성질을 가지고 있지 않아야 했는데, 이것을 마찰하자 다시 열이 발생했어요. 따라서 열은 금속 속에 들어 있던 열소라는 눈에 보이지 않는 물질 때문에 생기는 것이 아니라 운동 에너지의 일부가 열로 바뀐 것이라고 주장했지요.

그러나 그의 주장은 널리 받아들여지지 않았어요. 비슷한 시대에 활동했던 카르노도 열소설에 근거해서 열기관의 성능을 향상시키기 위해 연구했던 것을 보면 그 당시의 대부분의 학자들이 열소설을 믿고 있었다는 것을 알 수 있어요. 그러나 열이 물질의 화학 작용이 아니라 에너지 작용이라는 것을 주장하는 사람이 많이 나타나기 시작했어요.

영국의 데이비(Humphry Davy, 1778~1829)라는 학자는 아주 재미있는 실험을 했어요. 얼음은 열이 가장 적게 들어 있는 상태라는 것은 누구나 알 수 있잖아요. 다시 말해 얼음 속에는 열을 만들어 내는 열소가 가장 적게 들어 있다고 할 수 있어요. 그래서 얼음을 녹이기 위해서는 외부에서 열을 가해

주어야 한다고 생각하고 있었지요.

하지만 데이비는 얼음에 열을 가해 주지 않고 그냥 비비기만 해도 얼음이 잘 녹는다는 것을 발견했어요. 그것은 얼음을 녹인 열이 외부에서 들어온 열소에 의해 나온 것이 아니라 얼음을 비비는 데 사용된 운동 에너지가 열로 바뀌어 얼음을 녹였다는 증거였지요. 데이비는 진공 속에서 2개의 금속을 마찰시킬 때 발생하는 열로 초를 녹이는 실험을 보여 주기도 했어요. 데이비의 이런 실험에도 불구하고 사람들은 열도 에너지라는 생각을 받아들이지 않았어요. 이런 것을 보면 사람들이 가지고 있는 생각을 바꾸는 것이 얼마나 어려운 일인지 잘 알 수 있을 거예요.

열이 에너지라고 주장하는 사람들은 이들 외에도 많이 나타났어요. 독일의 의사였던 마이어(Julius Mayer, 1814~1878)는 음식물이 몸 안으로 들어가서 열로 변하고, 이것이 몸을 움직이는 에너지로 변한다고 주장했어요. 그는 음식물에 들어 있던 화학 에너지는 열에너지로도 변할 수 있고 운동 에너지로도 변할 수 있다는 주장을 했지요. 다시 말해 화학 에너지, 열에너지, 운동 에너지 등은 종류가 다를 뿐 모두 에너지이며, 이들은 서로 변할 수 있지만 전체적인 양은 줄어들거나 많아지지 않는다는 에너지 보존 법칙을 주장했어요.

그는 자신의 주장을 담은 논문을 물리 분야의 전문 학술지인 〈물리학 및 화학 연보〉에 출판하기 위해 보냈지만 거절당했어요. 마이어의 논문이 실험적 사실을 포함하고 있지 않아서 과학 논문이 되기에 부족하다는 것이 그 이유였지요. 그의 주장은 매우 정확하고 확실한 것이었지만 당시에는 쉽게 받아들일 수 없었어요. 할 수 없이 그는 그의 논문을 출판해 줄 곳을 이리저리 찾다가 〈화학 및 약학 연보〉라는 잡지에 실을 수 있었어요. 하지만 논문이 출판된 후에도 사람들이 그의 생각을 받아들이지 않았어요. -

독일의 물리학자이며 수학자였던 헬름홀츠(Hermann He-lmholtz, 1821~1894)는 마이어가 발표한 내용을 모른 채 1847년에 생명체의 열은 생명력에 의한 것이 아니라 음식물의 화학 에너지에 의한 것이라는 주장을 내놓았어요. 당시에는 생명을 유지하는 에너지는 생명력이라는 신비한 에너지라고 생각하고 있었거든요. 그러나 그는 생명을 유지하는 에너지나 체온을 유지하는 열이 모두 음식물 속에 저장되었던 화학 에너지가 바뀐 것이라고 주장한 것이지요.

그는 여러 형태의 에너지들이 서로 변환 가능하다고 생각하고, 역학적 에너지에만 적용되던 에너지 보존 법칙을 다른 에너지까지 확장시켜야 한다고 주장했어요. 그는 때때로 에너지가 사라진다고 생각할 때가 있지만 사실은 에너지가 사라진 것이 아니라 다른 에너지로 바뀐 것이라고 생각한 것이지요.

이렇게 1800년대 초반에는 열이 열소라는 눈에 보이지 않는 물질 때문에 생기는 것이냐 아니면 열도 에너지의 일종으로 운동 에너지 또는 화학 에너지와 같은 다른 에너지가 변한 것이냐를 놓고 과학자들이 논쟁을 벌이고 있었지요. 열도 에너지라고 주장하는 학자들이 많아지면서 차츰 사람들의 생각이 바뀌어 가고 있기는 했지만 아직도 확실한 것을 알 수는 없었어요. 이제 운동 에너지가 어떻게 열로 바뀌는지를 확실하게 증명해 줄 누군가가 나타날 차례가 된 것이에요.

과학자의 비밀노트

열소설(칼로리설)

열을 일종의 물질이라고 보는 이론으로 18세기의 많은 과학자들은 열의 본질은 열소라고 주장하였다. 즉, 열소는 온도가 높은 쪽에서 낮은 쪽으로 흐르는 유체와 같은 것인데, 무게를 잴 수 없는 물질이라고 생각했다.

예컨대 고체가 녹는 것은 열소와 고체를 이루는 입자 사이에 어떤 화학 반응이 일어나기 때문이라고 생각했다.

선생님, 왜 불 옆에 있으면 따뜻함을 느끼는 거죠?

혹시 나무에 있던 뜨거운 물질이 나오는 것은 아닐까요?

과거에는 많은 사람들이 그렇게 생각했답니다. 즉 물체에는 열을 내는 물질인 열소가 들어 있다고 생각한 것입니다.

그럼 아닌가요?

물론 아닙니다.

물체의 운동 에너지가 변해서 열이 나오는 것입니다. 하지만 옛날에는 많은 학자들이 열소 이론을 믿었답니다.

열소 이론이요?

예를 들어, 나무 속에는 열소가 들어 있는데 톱으로 자르면 톱밥과 함께 나무에 들어 있던 열소가 나와 열이 난다는 것이었지요.

왠지 일리가 있어 보여요.

톱밥과 함께 열소가 나오는 거야.

맞아요. 그래서 많은 사람들이 믿었답니다. 당시 열에 대한 연구로 잘 알려진 사람은 프랑스의 카르노라는 사람이에요.

이 분도 열소 이론을 믿었나요?

네, 맞아요. 그의 연구 결과는 옳았지만, 열소 이론에 대한 믿음으로 결론을 이끄는 과정은 옳지 못했지요.

열기관의 성분은 높은 온도와 낮은 온도 차이에 따라 결정되지.

줄의 **역사적 실험**

열을 얻는 방법에는 어떤 것들이 있을까요?
열이 에너지임을 밝힌 줄의 역사적 실험에 대해 알아봅시다.

다섯 번째 수업

줄의 역사적 실험

클라우지우스가
열이 에너지임을 밝혀낸
줄에 대한 이야기로
다섯 번째 수업을 시작했다.

열이 열소라는 물질에 의해 생기는 현상이 아니라 에너지라는 것을 밝혀낸 결정적인 실험을 한 사람은 영국의 줄(James Joule, 1818~1889)이었어요. 요즈음에도 에너지의 단위를 나타내기 위해서는 줄(J)이라는 단위를 사용하고 있는데, 그것은 열이 에너지라는 것을 밝혀낸 줄을 기념하기 위한 것이지요. 일과 열의 관계를 밝혀낸 줄은 1818년에 영국의 부유한 양조장집 아들로 태어났어요. 그러니까 1822년에 태어난 나보다는 네 살 더 많은 사람이지요. 만약 우리가 같은 나라에 태어났다면 친구가 되었을 거예요.

어렸을 적에는 집에서 가정 교사를 두고 공부하던 줄은 한 때 원자론을 발표한 돌턴에게 배우기도 했었지요. 그 후 줄은 집에다 실험실을 차려 놓고 여러 가지 실험을 하면서 공부했어요. 나와 줄이 20대가 되던 1840년대에는 열, 전기, 자기, 화학 변화 그리고 운동 에너지가 서로 변환될 수 있는 에너지라는 것을 과학자들이 어느 정도 인정하기 시작하던 때였지요. 하지만 이들 사이의 정확한 관계에 대해서는 아직 잘 모르고 있었어요.

줄은 공부를 하면서 가족이 운영하는 양조장에서 일하고 있었어요. 그는 전기에 대해서도 관심이 많았어요. 그 당시에는 이미 전기를 이용하여 동력을 얻어 내는 전기 모터가 발명되어 사용되기 시작했거든요. 줄은 처음에 전기 모터를 이용하면 무한한 동력을 얻을 수 있다고 생각했어요. 하지만 그는 곧 전기 모터를 이용하여 무한한 에너지를 얻는 것이 가능한 일이 아니라는 것을 알게 되었어요. 세상에 무한한 에너지를 얻어 내는 방법이 어디 있겠어요. 그래서 줄은 전기를 이용하면 얼마나 많은 양의 열을 만들어 낼 수 있는지 알아보기 위한 실험을 시작했어요.

전기를 흘려가면서 이때 발생하는 열을 이용해 물을 데웠지요. 그렇게 하면 물의 온도를 측정하여 발생한 열의 양을 알 수 있거든요. 처음에 줄은 도선에 흐르는 전류의 세기를 바꿔 가면서 일정한 시간 동안에 물의 온도가 얼마나 올라가는지 살펴보았어요. 그랬더니 전류의 세기가 2배가 되면 온도는 4배나 높이 올라갔어요. 전류의 세기가 3배가 되면 온도는 9배 더 올라갔지

요. 이것은 발생하는 열의 양이 전류의 제곱에 비례한다는 것을 뜻하는 것이었어요.

이러한 경험을 통해 줄은 물의 온도를 측정하여 발생하는 열의 양을 정확하게 측정하는 방법을 알게 되었어요. 물론 이런 방법은 이미 잘 알려진 방법이었지만 스스로의 실험을 통해 발생하는 열의 양을 정확하게 측정할 수 있게 된 것은 매우 중요한 경험이었지요. 전기로 만들어 내는 열의 양을 측정한 줄은 이번에는 물체가 높은 곳에서 낮은 곳으로 떨어질 때 나오는 에너지를 이용하여 발생시킬 수 있는 열의 양이 얼마인가를 알아보는 실험을 시작했어요.

높은 곳에 있는 물체가 아래로 떨어지면 위치 에너지가 줄어들고, 대신 운동 에너지가 늘어나지요. 세상에는 아주 여러 가지 종류의 에너지가 있어요. 전기 에너지, 화학 에너지, 위치 에너지, 운동 에너지와 같은 것들이 모두 에너지이지요. 이 중에서 위치 에너지와 운동 에너지를 합쳐서 역학적 에너지라고 부르지요. 역학적 에너지는 물체의 운동과 관계된 에너지여서 특별히 중요한 의미를 가지게 되지요. 운동 에너지가 위치 에너지로, 위치 에너지가 운동 에너지로 바뀌더라도 전체 양이 변하지 않는다는 역학적 에너지 보존 법칙은 예전부터 알려져 있었어요.

공을 하늘을 향해 던져 보세요. 공은 위로 올라가면서 속도가 줄어들어요. 속도가 줄어들면 운동 에너지가 작아지지요. 그 대신 위치 에너지가 증가하지요. 공이 가장 높은 곳까지 올라가면, 공의 속도는 0이 되어 공이 가지고 있던 에너지는 모두 위치 에너지로 바뀌어 버리지요.

하지만 아래로 떨어지면서 다시 속도가 증가하게 되는데, 이것은 공의 위치 에너지가 다시 운동 에너지로 바뀌는 것이에요. 그래서 처음 공을 던진 곳으로 돌아오면 공의 속도는 처음 공을 던졌을 때의 속도와 같아지게 되지요. 이것은 공이 높은 곳까지 올라갔다가 내려오는 동안에 역학적 에너지의 양이 그대로 보존되기 때문이에요.

일이라는 말도 자주 사용하는데 일은 역학적 에너지와 거의 같은 뜻을 가진 말이에요. 물체를 얼마나 많이 움직였는가를 나타내는 것이 일이거든요. 우리가 일상생활에서 사용하는 일이라는 말의 의미와는 조금 다르지요. 위치 에너지와 운동 에너지가 크면 일을 많이 할 수 있어요. 따라서 에너지가 많다는 것은 일을 많이 할 수 있다는 뜻이므로, 일과 에너지는 같은 의미라고 볼 수 있어요. 열기관이란 열을 이용해서 동력을 만들어 내는 장치라는 말을 들어 본 적이 있을 거예요. 이때 동력이란 말은 역학적 에너지라는 말과 같은 뜻으로 쓰이고 있어요.

줄은 높은 곳에서 떨어지는 물체를 이용해 물속의 물갈퀴를 휘젓도록 했어요. 그러니까 높은 곳에 있던 물체가 가지고 있던 위치 에너지는 물체가 아래로 떨어지는 동안 운동 에너지로 바뀌게 되고, 이 운동 에너지가 물갈퀴를 휘저어 열을 발생시키도록 한 것이지요. 이때 물의 온도를 정확하게 측정하면 위치 에너지가 얼마의 열에너지로 바뀌었는지 알수 있게 되는 것이지요.

물을 그릇에 담아 놓고 손으로 물을 휘저으면 물의 온도가 올라갈까요? 여러분들의 경험으로는 물의 온도가 올라가지

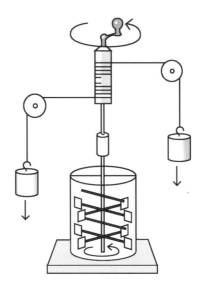

않는 것 같지요? 하지만 이때도 물의 온도가 올라가요. 우리 손이 가지고 있던 운동 에너지가 물을 휘젓는 동안 물과의 마찰 때문에 열로 바뀌어 물의 온도를 올리게 되지요. 하지만 우리가 그것을 알아채지 못하는 것은 우리가 느낄 수 없을 정도로 온도가 조금 올라가기 때문이에요.

폭포수에서는 높은 곳에서 물이 아래로 떨어져요. 그러면 위쪽에 있는 물과 아래쪽에 있는 물의 온도는 어떻게 다를까요? 당연히 아래쪽에 있는 물의 온도가 더 높겠지요. 위쪽에 있는 물은 많은 위치 에너지를 가지고 있어요. 하지만 떨어지는 동안에 물이 가지고 있던 위치 에너지는 운동 에너지로 바뀌어 빠른 속도로 떨어지게 되고 빠르게 떨어지던 물이 바닥에서 다른 물과 부딪치면서 운동 에너지는 다시 열로 바뀌게 되는 것이지요. 하지만 이때도 물의 온도가 많이 올라가지 않기 때문에 우리는 그런 사실을 잘 모르고 있는 거지요. 10m 높이에서 물이 아래쪽으로 떨어지면 물의 온도는 0.1℃ 정도 올라갑니다.

줄은 물체가 떨어지는 동안에 물의 온도는 얼마나 올라가는지를 알아내는 정밀한 실험을 시작했어요. 전기를 이용한

실험을 통해 물의 온도를 측정하여 발생한 열의 양을 알아내는 방법은 잘 알고 있었어요. 줄은 실험을 통해 열의 양과 역학적 에너지의 양이 어떤 관계가 있는지를 알아냈어요. 열의 양을 측정하는 단위는 칼로리(cal)예요. 1칼로리(cal)는 물 1그램을 1℃ 높이는 데 필요한 열량을 뜻해요. 그리고 역학적 에너지는 줄(J)이라는 단위를 이용하여 측정하지요. 줄이 실험을 하기 전까지는 이 두 양 사이의 관계를 잘 모르고 있었어요.

줄이 실험을 하기 전에도 역학적 에너지가 열로 바뀔 것이라고 생각하는 사람들은 많이 나타났었지만 얼마의 역학적 에너지가 얼마의 열로 바뀐다고 정확하게 이야기할 수 있는 사람은 아무도 없었던 것이지요. 하지만 줄의 실험에 의해 두 양 사이의 관계가 밝혀지게 되었습니다. 이 관계를 일의 열당량, 또는 열의 일당량이라고 부르기도 합니다.

일의 열당량 : 1줄(J)＝0.24칼로리(cal)
열의 일당량 : 1칼로리(cal)＝4.2줄(J)

줄의 실험으로 이제 역학적 에너지 보존 법칙은 열에너지와 전기 에너지를 포함하여 모든 에너지의 총량은 변하지 않는다는 에너지 보존 법칙으로 확대될 수 있게 되었어요.

줄이 얻은 이러한 결론은 열이 열소라는 화학 물질에 의해 일어나는 현상이라는 열소설과는 전혀 다른 것이었어요. 열소설에 의하면 열이 높은 온도에서 낮은 온도로 흘러가면서 동력을 만들어 내지만 그 양은 전혀 변하지 않는다고 했었거든요. 하지만 줄의 실험 결과에 의하면 열이 동력을 만들어 내면 그만큼 양이 줄어들어야 했어요. 따라서 줄의 결과는 열소설이 틀렸다는 것을 증명한 실험이었다고 할 수 있지요.

줄이 역학적 에너지가 열로 바뀌는 과정에 대한 실험을 한 것은 1847년의 일이었어요. 나는 다음 해인 1848년에 박사 학위를 받고 베를린의 공병 학교에서 학생들을 가르치면서 무엇을 연구할까 생각하고 있었어요. 그때 줄의 실험에 대해 듣게 되었어요. 그래서 줄의 실험을 포함한 그동안의 열에 대한 연구 결과를 종합해 보기로 했어요.

사실 내가 열역학 제1법칙과 제2법칙을 만들어 냈다고 큰소리치지만, 사실은 줄이 실험을 통해 다 해 놓은 일을 종합하고 정리한 것뿐이라고 할 수 있어요. 줄은 뛰어난 실험가였지만 이론적 분석가는 아니었어요. 그래서 그가 한 연구 결과를 분석하는 일은 내가 하게 된 것이지요.

그럼 열이 열소에 의해 생기는 현상이 아니라는 것을 발견한 사람은 누구인가요?

줄이라고 들어 봤나요?

줄이요?

에너지의 단위를 나타낼 때 줄(J)이라고 하는 것을 들어 본 것 같아요.

열이 에너지라는 것을 밝혀낸 줄을 기념하기 위해 그의 이름을 에너지 단위로 쓰고 있지요.

열은 에너지야!

물이 위에서 아래로 떨어지네요. 그러면 위쪽에 있는 물과 아래쪽에 있는 물의 온도는 어떻게 다를까요?

아래쪽 온도가 더 높을 것 같아요.

맞아요. 대략 10m 높이에서 물이 아래쪽으로 떨어지면 물의 온도는 약 0.1℃ 올라가지요. 줄은 정밀한 측정으로 열의 양과 역학적 에너지의 양이 어떤 관계가 있는지를 알아냈어요.

이 관계를 일의 열당량, 또는 열의 일당량이라고 합니다.

일의 열당량: 1줄(J) = 0.24칼로리(cal)
열의 일당량: 1칼로리(cal) = 4.2줄(J)

줄이 얻은 결론은 열이 동력을 만들어 내는 만큼 양이 줄어들기 때문에, 열이 동력을 만들어 내지만 그 양은 전혀 변하지 않는다고 한 열소설이 틀렸다는 것을 증명했지요.

열역학 제1법칙

에너지 보존 법칙이란 무엇일까요?
열역학 제1법칙에 대해 알아봅시다.

6

여섯 번째 수업

열역학 제1법칙

클라우지우스가
열역학 제1법칙을 설명하면서
여섯 번째 수업을 시작했다.

이제부터는 본격적으로 열이 무엇인지 그리고 열역학 보존 법칙이 무엇인지에 대해 알아보기로 하지요.

나는 1850년과 1857년에 열에 대한 중요한 논문을 썼어요. 그 논문들에는 열역학 제1법칙과 제2법칙의 내용이 들어 있어요. 하지만 나보다 시기가 조금 늦기는 했어도 내가 주장한 내용과 비슷한 내용을 의사이며 물리학자였던 헬름홀츠도 주장했어요. 그러니까 이제부터 할 이야기는 내가 1850년부터 1857년 사이에 주장했던 내용과 헬름홀츠가 주장했던 내용을 요약한 것이라고 할 수 있어요.

운동하는 물체가 운동 에너지를 가지고 있다는 것은 다 알고 있을 거예요. 앞에서 이야기한 대로 운동 에너지는 위치 에너지로 바뀌기도 하고 위치 에너지는 다시 운동 에너지로 바뀌기도 하지요. 그리고 역학적 에너지는 다시 열에너지로 바뀔 수 있어요. 그렇다면 이제 열에너지와 운동 에너지가 어떻게 다른 에너지인지 알아보기로 할까요?

　열에너지와 운동 에너지를 이해하기 위해 많은 사람을 태우고 달리고 있는 기차를 생각해 보기로 할까요? 기차가 빠르게 달릴 때는 운동 에너지를 가지고 있어요. 하지만 기차가 역에 정지하면 어떻게 될까요? 기차의 속도가 0이 되었으므로 기차의 운동 에너지는 0이 될 거예요. 하지만 기차가 정지해 있는 동안에도 기차 안에 타고 있는 사람들은 이리저리 움직이고 있어요. 사람들이 이리저리 움직여도 기차는 그대로 정지해 있지요. 그렇다면 이때 기차의 운동 에너지는 얼마라고 해야 할까요? 기차가 서 있으니까 기차의 운동 에너지는 0일까요? 아니면 기차 안에 사람들이 움직이고 있으니까 기차는 아직도 운동 에너지를 가지고 있다고 해야 할까요?

　이 문제의 답을 이야기하기 전에 문제를 조금 바꾸어 볼까요? 큰 통 속에 기체가 가득 들어 있어요. 기체는 수많은 원

자와 분자로 되어 있지요. 기체 분자들은 가만히 있지 않고 빠르게 움직이고 있어요. 통 속의 기체는 빠르게 움직이지만 통은 가만히 있어요. 이제 통을 들어서 옮겨 보지요. 통을 옮기는 동안에도 통 안의 기체는 빠르게 움직이고 있을 거예요. 통이 가만히 정지해 있을 때 운동 에너지는 얼마일까요? 또 통이 움직일 때 운동 에너지는 얼마일까요? 운동 에너지를 계산할 때는 통 안의 분자들이 움직이는 운동 에너지도 합해 주어야 될까요? 아니면 분자들의 운동 에너지는 무시하고 통의 속도만 계산해야 할까요?

우리 주위에는 많은 종류의 액체와 고체가 있어요. 이들 액체와 고체도 모두 원자나 분자로 이루어졌어요. 액체나 고체 속의 분자들은 기체 분자들처럼 마음대로 움직이지는 못하지만 가만히 있는 것도 아니에요. 한 자리에서 진동을 하거나 회전을 하거나 하지요. 진동을 하거나 회전을 하는 경우에도 운동 에너지가 있어요.

그렇다면 액체나 고체의 운동 에너지를 계산할 때는 이들 분자들의 운동 에너지도 합해 주어야 할까요? 아니면 액체나 고체가 전체적으로 움직이는 운동 에너지만 계산해 주고 알갱이들 하나하나의 운동 에너지는 무시해도 되는 걸까요?

기차 속의 사람들의 운동 에너지나 기체, 액체, 고체 속의

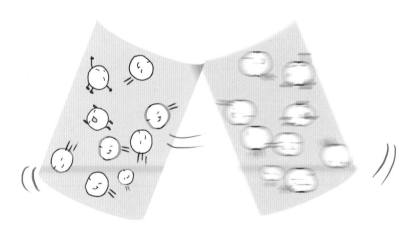

분자들의 운동 에너지를 어떻게 해야 하는가 하는 문제가 다 같은 문제라는 것을 알 수 있어요. 기차가 움직이는 동안에는 기차나 그 속에 타고 있는 사람들이 모두 같은 방향으로 움직여요. 하지만 기차 안의 사람들이 움직이는 방향은 제각각이지요. 기체를 넣은 통을 옮기면 통과 기체 분자들이 다 같은 방향으로 움직여요. 하지만 통 안의 기체 분자들은 제각각 다른 방향으로 무질서하게 움직이고 있어요. 고체나 액체에서도 마찬가지예요.

또 다른 예를 들어 볼까요? 학생들이 가득 뛰어 놀고 있는 운동장을 생각해 보세요. 여기저기서 달리기도 하고, 공을 차기도 하고, 술래잡기를 하기도 하지요. 따라서 학생들은 잠시도 가만히 있지 않고 열심히 뛰어다니지요. 하지만 1시간 전이나 1시간 후나 학생들은 아직 운동장에 골고루 퍼져 있어요. 열심히 움직였지만 실제로는 전혀 움직이지 않은 것처럼 보여요.

이번에는 학생들이 체육을 하기 위해 집합해 있는 경우를 생각해 볼까요? 학생들을 교단 앞에 집합한 다음에 선생님의 구령에 맞추어 운동장을 달리기 시작하지요. 이때는 학생들이 운동장의 우측에서 좌측으로 그리고 좌측에서 우측으로 움직여 가는 것을 볼 수 있어요. 운동장에서 일어나는 학생

들의 운동을 이렇게 2가지로 나눌 수 있다는 것을 이해할 수 있겠지요?

하나는 전체가 어느 방향으로 움직여 가는 규칙적인 운동이에요. 이런 운동이 일어나면 물체의 위치가 달라지지요. 다른 하나는 그 안에 들어 있는 하나하나는 빠르게 움직이고 있지만 전체적으로 위치가 변하지 않는 운동이에요. 이런 운동은 매우 불규칙하게 정해지지 않은 방향으로 일어나지요. 기차의 운동은 전체적으로 위치의 변화가 있는 운동이에요. 기체 통의 운동이나 액체, 고체 전체가 움직이는 운동도 위치가 변하는 운동이지요. 하지만 기차 안의 사람들의 운동이나 기체, 액체, 고체 안의 분자들의 운동은 불규칙하게 일어나서 물체 전체의 위치를 변화시키지 못하는 운동이에요.

줄에 의해 운동 에너지가 열로 바뀐다는 것은 확실히 알게 되었지만 열이 어떤 에너지인 줄은 모르고 있었어요. 열에너지는 바로 물체의 위치를 바꾸지 않는 물체를 이루는 알갱이들의 불규칙한 운동에 의한 에너지라고 나와 헬름홀츠는 주장했어요. 그러니까 물체 전체가 움직여 갈 때 이 물체가 가지는 에너지가 운동 에너지이고, 물체가 전체적으로는 정지해 있지만 물체를 이루는 알갱이들이 움직이는 에너지가 바로 열에너지라는 것이지요.

그래서 물체 전체의 위치는 바꾸지 않으면서 물체 내부에서 일어나는 알갱이들의 복잡하고 불규칙한 운동을 열운동이라고 해요. 열을 잘 이해하기 위해서는 물체 전체가 움직여 가는 운동과 물체 전체의 움직임과는 관계없이 일어나는 알갱이들의 불규칙한 열운동을 잘 구별할 수 있어야 해요.

그러니까 기체를 담은 통이 정지해 있을 때는 안에 있는 기체 분자들이 움직이고 있더라도 운동 에너지는 0이에요. 안에 있는 기체 분자들의 운동에 의한 에너지는 운동 에너지가 아니라 열에너지이기 때문이지요. 액체나 고체에서도 마찬가지예요. 물체가 전체적으로 움직이는 에너지가 운동 에너지이고, 물체를 이루는 입자들이 불규칙하게 움직이는 열운동에 의한 에너지는 열에너지예요. 물론 달리는 물체 속에 있는 알갱이들도 제 마음대로 움직이고 있으므로 운동 에너지와 함께 열에너지도 가지고 있어요.

물체를 이루는 입자들은 아주 많아요. 우리가 상상할 수 없을 정도로 많지요. 이런 알갱이들이 이리저리 움직인다고 해도 모두 같은 속도로 움직이는 것은 아니에요. 그렇다면 그렇게 많은 입자들이 다 다른 속도로 이리저리 움직이고 있는데 어떻게 열에너지를 측정하거나 계산할 수 있을까요?

하지만 그것은 생각보다 쉬운 일이에요. 우리가 온도를 측정하는 것은 물체를 이루는 입자들의 평균 에너지를 측정하는 것이니까요. 앞에서 온도계 이야기를 하면서 우리가 자주 사용하는 온도계에는 화씨 온도계와 섭씨 온도계가 있다는 이야기를 했어요. 하지만 이 두 온도계보다 훨씬 중요한 온도계가 하나 더 있어요. 그것은 절대 온도계예요.

화씨 온도와 섭씨 온도는 우리 일상생활과 관계있는 온도를 나타내는 데는 편리하지만 과학적으로 의미를 가지는 온도는 아니에요. 하지만 절대 온도는 과학적으로 중요한 의미를 가지는 온도지요. 절대 온도를 측정한 다음 그 온도에 일정한 값을 곱해 주면 그것이 바로 알갱이들이 가지는 평균 열에너지가 되기 때문이지요. 절대 온도가 2배로 되면 알갱이들의 열에너지도 2배가 되지요. 그렇다면 절대 온도가 0K가 되면 알갱이들의 열에너지도 0이 되어야 할까요? 맞아요. 절대 온도 0K도 모든 알갱이들이 운동을 멈추는 온도예요. 그 온도가 세상에서 가장 낮은 온도이지요. 과학자들은 이 온도가 대략 섭씨로 −273℃라는 것을 알아냈어요.

절대 온도 뒤에는 K라는 표시를 해서 나타내지요. 열역학의 발전에 큰 공을 세운 켈빈이라는 사람을 기념하기 위해 K자를 붙인 거예요. 그러니까 0℃는 절대 온도 273K이지요. 따라서 절대 온도와 섭씨 온도 사이에는 다음과 같은 관계가 성립한다는 것을 알 수 있어요.

절대 온도(K)＝섭씨 온도(℃)＋273

그러니까 운동 에너지가 열에너지로 바뀐다는 것은 물체를 이루는 입자들이 모두 한 방향으로 움직이다가 복잡하고 불규칙한 방향으로 움직여 물체 전체의 위치가 변하지 않게 된다는 것을 뜻하지요. 이제 열에 대해 이만큼 이해했으면 열역학 제1법칙에 대해 이야기해 볼까요?

수많은 분자들로 이루어진 기체가 있다고 생각해 봅시다. 이 기체를 이루는 분자들은 가만히 있지 않고 움직이고 있기 때문에 열에너지를 가지고 있어요. 이 기체가 가지고 있는 열에너지를 내부 에너지라고 부르지요.

만약 외부에서 열이 들어오면 어떻게 될까요? 기체 분자들은 열을 흡수하여 더 빨리 움직이게 되겠지요. 따라서 내부 에너지는 올라가게 됩니다. 이때 올라가는 내부 에너지의 크기는 외부에서 들어온 열량과 같지요. 열이 밖으로 나가면 어떻게 될까요? 당연히 내부 에너지가 내려가고 기체 분자들은 천천히 움직이게 되겠지요.

만약 외부에서 큰 힘으로 이 기체를 압축하면, 다시 말해 외부에서 역학적 에너지를 가해 주면 어떻게 될까요? 기체에 힘을 가해 압축하는 것과 같이 역학적인 에너지를 가해 주는 것을 우리는 외부에서 기체에 일을 해 준다고 하지요. 기체에 일을 해 주면 기체는 이 일을 받아 내부 에너지가 올라가게 되고 기체 분자들은 빠르게 운동하게 되지요. 이때 증가하는 내부 에너지의 크기는 외부에서 해 준 일의 양과 같아요. 기체가 팽창하면서 주위의 기체나 물체를 밀어내는 경우에는 기체가 일을 받는 것이 아니라 기체가 외부에 일을 해 주는 경우지요. 이런 경우에는 내부 에너지가 내려가게 되겠지요.

그러니까 외부에서 들어오고 나가는 열량과 일의 양의 합은 내부 에너지의 변화량과 항상 같아야 해요. 외부에서 들어오는 에너지의 양이 많으면 내부 에너지는 증가하고 외부로 나가는 에너지의 양이 많으면 내부 에너지는 감소하지요.

따라서 어떤 경우에도 외부에서 에너지가 들어오지 않고는 계속 일을 할 수 있는 기계는 있을 수 없어요. 다시 말해 에너지의 총량은 항상 같아야 한다는 것이지요. 이것이 열역학 제1법칙이에요. 열역학 제1법칙은 에너지 보존 법칙이라고도 하지요. 에너지 보존 법칙이 성립한다는 것을 알게 된 것은 열도 에너지라는 것을 알게 되었기 때문이에요.

우리는 높은 온도의 물체는 많은 열을 가지고 있고 낮은 온도의 물체는 열을 가지고 있지 않다고 생각하기 쉬워요. 그래서 열이 높은 온도에서 낮은 온도로 흘러가면 열은 없어져 버린다고 생각하기도 하지요. 하지만 열은 없어지지 않아요. 높은 온도에서 낮은 온도로 흘러가더라도 열의 양은 조금도 변하지 않지요. 운동 에너지가 열에너지가 되더라도 에너지의 양은 변함이 없고요. 그렇다면 에너지를 절약하자는 것은 무슨 뜻일까요? 어차피 에너지는 사라지는 것이 아니라면 절약한다고 남아 있고 절약하지 않는다고 사라지는 것이 아니 잖아요.

사실 에너지는 낭비하려고 해도 낭비할 수가 없어요. 사라지지 않는 것이 에너지이기 때문이지요. 그러나 모든 에너지가 다 똑같이 쓸모가 있는 것은 아니에요. 어떤 에너지는 다른 에너지보다 쓸모가 있고 어떤 에너지는 쓸모가 적지요. 에너지의 양은 변함이 없다고 해도 한 에너지가 다른 에너지로 바뀌면 에너지의 쓸모는 달라지지요. 그러니까 에너지를 절약하자는 이야기는 쓸모 있는 에너지를 불필요하게 쓸모없는 에너지로 바꾸지 말자는 뜻이랍니다.

열역학 제1법칙이 나오기 전에는 엉뚱한 생각을 하는 사람들이 많았어요. 물이나 자석을 교묘하게 이용하여 외부에서 에너지를 가해 주지 않아도 계속적으로 일을 할 수 있는 기계를 만들어 보려고 하는 사람들이 그런 사람들이지요. 그런 기계가 발명된다면 연료가 없이도 얼마든지 달리는 자동차를 만들 수도 있을 거예요. 화가로 잘 알려진 레오나르도 다빈치도 그런 기계를 발명하려고 노력했던 사람들 중의 한 사람이었어요. 외부에서 에너지를 주지 않아도 영원히 일을 할 수 있는 기관을 제1종 영구 기관이라고 부르지요.

열역학 제1법칙 즉 에너지 보존 법칙의 성립으로 영구 기관은 가능하지 않다는 것이 증명되었어요. 외부에서 에너지를 가해 주지 않아도 얼마 동안은 일을 할 수 있을 거예요. 하지만 일을 함에 따라 자신이 가지고 있던 내부 에너지가 줄어들겠지요. 내부 에너지는 무한히 많은 것이 아니에요. 따라서 얼마 후에는 내부 에너지가 다 떨어져 더 이상 일을 할 수 없게 될 거예요. 따라서 계속 일을 하게 하기 위해서는 외부에서 에너지를 보충해 주어야 되지요.

1840년에서 1860년까지 20년 동안은 열이 무엇인지를 밝혀내는 아주 중요한 시기였어요. 이 기간 동안에 열은 열소라는 물질에 의해 만들어지는 화학 작용이라는 열소설이 완전히 사라지고, 열은 물체를 이루고 있는 알갱이들의 불규칙한 운동에 의한 에너지라는 것을 확실히 알게 되었으니까요.

이제 열이 무엇인지 알게 되었으니까 열에 대해서 다 알았다고 할 수 있을까요? 열이 무엇인지 알아내기는 했지만 아직 열과 관련된 더 큰 문제가 남아 있었어요. 그 문제를 해결하기 위해서 나온 것이 열역학 제2법칙이에요.

과학자의 비밀노트

제1종 영구 기관과 열역학 제1법칙

외부에서 에너지를 공급받지 않고 영구적으로 일을 하는 기관을 제1종 영구 기관이라고 한다. 예를 들어 속이 빈 둥근 통 여러 개가 하나의 줄에 매달려 있는데, 오른쪽 통들은 물속에 잠겨 있다고 생각해 보자. 물에 잠긴 오른쪽 통들은 부력을 받는 반면, 왼쪽 통들은 물밖에 있기 때문에 부력을 받지 않는다. 따라서 이 통들은 반시계 방향으로 계속 회전할 것으로 생각할 수 있지만, 이 장치는 실제로 작동되지 않는다. 이처럼 제1종 영구 기관은 에너지 보존 법칙을 나타내는 열역학 제1법칙에 위배되기 때문에 불가능하다. 따라서 열역학 제1법칙을 다르게 표현하면 '제1종 영구 기관은 불가능하다'고 말할 수 있다.

운동 에너지와 열에너지는 뭔가요?

나와 헬름홀츠는 열에너지는 물체의 위치를 바꾸지 않는 물체를 이루는 알갱이들의 불규칙한 운동에 의한 에너지라고 주장했어요.

너무 어려워요, 선생님.

줄에 의해 운동 에너지가 열로 바뀐다는 것은 알게 되었지만 열이 어떤 에너지인 줄은 모르고 있었어요.

다시 말해 물체가 움직일 때 가지는 에너지가 운동 에너지이고, 정지해 있지만 물체를 이루는 알갱이들이 움직이는 것이 열에너지랍니다.

알 것도 같아요.

그럼 어떻게 열에너지를 측정할 수 있나요?

바로 온도를 측정하는 것입니다. 섭씨나 화씨 온도가 아닌 절대 온도를 이용하는 것이지요. 절대 온도에 일정한 값을 곱해 주면 바로 알갱이들이 가지는 평균 열에너지가 됩니다.

절대 온도(K)
= 섭씨 온도(℃) + 273

이제 열역학 제1법칙에 대해 이야기해 주세요.

외부에서 들어오고 나가는 열량과 일의 양의 합은 내부 에너지의 변화량과 항상 같다는 것이 열역학 제1법칙인 에너지 보존 법칙이에요.

이렇게 에너지 보존 법칙이 성립한다는 것을 알게 된 것은 열도 에너지라는 것을 알게 되었기 때문이에요.

열역학 제1법칙(에너지 보존 법칙)
에너지의 총량은 항상 같다.

아, 그렇군요!

엔트로피와
열역학 제2법칙

엔트로피란 무엇일까요?
열역학 제2법칙에 대해 알아봅시다.

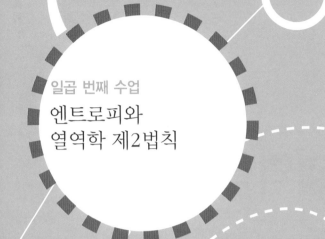

엔트로피와
열역학 제2법칙

교. 고등 물리 II   1. 운동과 에너지
과.
연.
계.

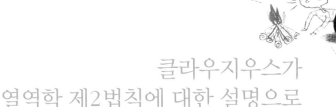

클라우지우스가
열역학 제2법칙에 대한 설명으로
일곱 번째 수업을 시작했다.

　이제 열이 어떤 종류의 에너지라는 것은 밝혀졌어요. 하지만 열에는 에너지 보존 법칙만으로는 설명할 수 없는 현상이 있어요. 열은 높은 온도에서 낮은 온도로만 흘러간다는 것은 누구나 알고 있는 사실이에요. 하지만 열이 높은 온도에서 낮은 온도로 흘러간다고 해서 열에너지의 양이 작아지는 것은 아니라는 것이 열역학 제1법칙이에요. 다시 말해 열은 높은 온도에서 낮은 온도로 흘러가도 없어지지 않고 그대로 남아 있지요. 하지만 낮은 온도에 있는 열이 높은 온도로 흘러가는 일은 절대로 일어나지 않아요.

열이 낮은 온도에서 높은 온도로 흘러가게 하기 위해서는 외부에서 일을 해 주어야 해요. 냉장고 내부는 냉장고 바깥쪽보다 온도가 낮아요. 냉장고 안을 차갑게 유지하려면 냉장고 안에 있는 열을 바깥쪽으로 내보내야 하는데, 이때는 전기를 이용하여 전기 모터를 돌려서 일을 해 주어야 해요.

만약 저절로 열이 낮은 온도에서 높은 온도로 흘러갈 수 있다면 전기가 없이도 냉장고가 작동할 수 있을 거예요. 하지만 그런 냉장고는 어디에도 없어요. 높은 온도에 있는 열과 낮은 온도에 있는 열이 똑같다면 높은 온도의 열은 낮은 온도로 갈 수 있지만 낮은 온도의 열은 높은 온도로 갈 수 없다는 것을 설명할 수 없어요.

열과 관련된 현상 중에는 이것 외에도 설명할 수 없는 현상이 또 있어요. 그것은 운동 에너지와 위치 에너지, 즉 역학적 에너지는 언제나 모두 열에너지로 바뀔 수 있지만 열에너지는 운동 에너지로 잘 바뀌지 않는다는 것이었어요. 공을 던지면 공은 운동 에너지를 가지고 날아가지요. 하지만 날아가던 공이 다른 물체와 부딪치면 공이 가지고 있던 운동 에너지는 열에너지로 바뀌지요. 두 물체를 움직여 마찰시켜도 두 물체가 가지고 있던 운동 에너지는 쉽게 열에너지로 바뀌어요.

하지만 운동 에너지는 열에너지로 모두 바뀌는 일은 없어요. 집에서 요리할 때는 프라이팬에 생선을 올려놓고 뜨겁게 가열하는 것을 볼 수 있을 거예요. 하지만 아무리 뜨겁게 가열해도 생선이 공중으로 날아가는 일은 벌어지지 않아요. 열에너지가 모두 운동 에너지로 바뀌지 않기 때문이지요.

열에너지를 운동 에너지로 바꾸기 위해서는 공기나 수증기가 다른 곳으로 달아나지 못하도록 통을 만들고 한쪽 벽만 움직이도록 한 다음 가열하면, 압력이 증가하여 벽을 밀어내게 되고 그것을 이용하여 기계를 움직일 수는 있어요. 이런 장치가 열에너지를 운동 에너지로 바꾸는 열기관이에요. 그러나 열기관에서도 열에너지의 일부만 운동 에너지로 바꿀 수 있어요.

으랏차!
열에너지로 변해랏!

변신

왜 난 변신이 잘 안 되는 거야.

운동 에너지가 열에너지로 바뀌어도, 그리고 열에너지가 운동 에너지로 바뀌어도 그 양은 변하지 않는다는 것이 열역학 제1법칙인 에너지 보존 법칙이에요. 이러한 에너지 보존 법칙만으로는 열에너지를 모두 운동 에너지로 바꿀 수 없는 것을 설명할 수는 없어요. 만약 운동 에너지와 열에너지가 정말 똑같은 에너지라면 마음대로 바꿀 수 없다는 것은 이해할 수 없는 일이지요. 서로 마음대로 바꿀 수 없는 것으로 보아 운동 에너지와 열에너지는 무엇인가가 달라야 했어요.

높은 온도에 있는 열에너지와 낮은 온도에 있는 열에너지도 달라야 하고, 운동 에너지와 열에너지도 무엇인가가 달라야 한다면 그것은 무엇일까요? 나는 이 문제를 해결하기 위해서는 새로운 어떤 양을 정의해야 한다는 생각을 하게 되었지요. 그래서 생각해 낸 것이 엔트로피라는 양이에요. 나는 열이 무엇인가를 밝히는 과정에서 열에너지가 어떤 에너지인지를 설명하는 데도 나름대로 공헌을 했지만 그보다 훨씬 중요한 업적은 엔트로피라는 양을 제안한 것이라고 할 수 있어요.

앞에서도 이야기한 것처럼 세상에는 여러 가지 종류의 에너지가 있어요. 위치 에너지, 운동 에너지, 전기 에너지, 화학 에너지, 핵에너지, 열에너지 등은 모두 다른 형태의 에너지이지요. 나는 이 많은 에너지 중에 열에너지만은 엔트로피라는 양을 가진다고 가정했어요. 열에너지가 아닌 다른 에너지의 엔트로피는 0이라고 하기로 했지요. 그리고 열에너지의 엔트로피는 온도에 따라 달라지는 것으로 하기로 했어요. 그래서 열량을 절대 온도로 나눈 값을 엔트로피라고 하기로 했어요. 그러니까 모든 에너지의 엔트로피는 다음과 같이 나타낼 수 있어요.

열에너지 아닌 다른 에너지의 엔트로피 = 0

열에너지의 엔트로피 = $\dfrac{\text{열량}}{\text{절대 온도}}$

이렇게 엔트로피를 정하고 나니까 높은 온도에 있는 열과 낮은 온도에 있는 열이 같은 에너지가 아니게 되었어요. 같은 1,000cal의 열량이라도 1,000K의 온도에 있으면 엔트로피가 1이고 500K 온도에 있으면 엔트로피가 2가 되거든요. 운동 에너지와 열에너지도 이제 더 이상 같은 에너지가 아니게 되었어요. 운동 에너지는 엔트로피가 0인 에너지이지만, 열에너지는 엔트로피가 0이 아닌 에너지이거든요.

따라서 열이 높은 온도에서 낮은 온도로만 흐르는 것이나 열에너지가 모두 운동 에너지로 바뀌지 않는 현상을 엔트로피를 이용하면 설명할 수 있을 것이라고 생각했지요.

그러면 엔트로피를 이용해 이 2가지 문제를 어떻게 설명할 수 있었는지 알아볼까요? 우선 열이 높은 온도에서 낮은 온도로만 흐르는 것에 대하여 알아보기로 하지요. 높은 온도에서 낮은 온도로 열이 흘러가면 엔트로피는 어떻게 될까요? 예를 들어, 열 1,000cal가 1,000K의 온도에 있으면 엔트로피는 1이에요. 하지만 1,000K에 있던 열이 온도가 500K인 곳으로 흘러가면 엔트로피는 2가 되지요.

다시 말해 높은 온도에 있던 열이 온도가 낮은 곳으로 흘러가면 엔트로피가 증가하게 됩니다. 반대로 낮은 온도에 있던 열이 높은 온도로 흘러가면 엔트로피는 감소하게 돼요. 따라서 열이 항상 높은 온도에서 낮은 온도로만 흐르는 것은 열은 항상 엔트로피가 증가하는 방향으로만 흐른다고 말할 수 있어요.

이번에는 운동 에너지는 열에너지로 모두 바꿀 수 있지만 열에너지는 모두 운동 에너지로 바꿀 수 없는 것에 대해서도 알아보기로 할까요? 앞에서 이야기한 대로 운동 에너지의 엔트로피는 0이에요. 따라서 운동 에너지가 열에너지로 바뀌면 엔트로피가 생기게 되니까 엔트로피가 증가하는 것이라고 할 수 있어요. 하지만 열에너지가 모두 운동 에너지로 바뀌면 열에너지가 가지고 있던 엔트로피가 없어지니까 엔트로피가 감소하게 됩니다.

 그러니까 운동 에너지는 모두 열에너지로 바뀔 수 있지만 열에너지는 모두 운동 에너지로 바뀔 수 없다는 것도 에너지는 항상 엔트로피가 증가하는 방향으로만 변한다고 할 수 있어요.

 열이 흐르는 방향이나 에너지의 변화가 모두 엔트로피가 증가하는 방향으로만 일어나야 한다고 하면 열에 대한 또 하나의 문제가 모두 해결되게 되지요. 엔트로피는 항상 증가해야 한다는 것이 열역학 제2법칙이에요. 따라서 열역학 제2법칙은 엔트로피 증가의 법칙이라고 부르기도 하지요.

 하지만 열역학 제2법칙을 엄격하게 말하면 엔트로피는 증가하거나 같아야 한다고 이야기해야 됩니다. 엔트로피가 증가하거나 감소하지 않는 경우도 가능하거든요. 그러니까 열역학 제2법칙은 엔트로피가 감소하는 방향으로는 변화가 일어나지 않는다는 것을 뜻한다고 할 수 있어요.

 열역학 제2법칙은 열이 높은 곳에서 낮은 곳으로만 흐르는 것과 운동 에너지는 모두 열에너지로 바뀔 수 있지만 열에너지는 모두 운동 에너지로 바뀔 수 없다는 것을 한꺼번에 설명해 주는 법칙이에요. 열이 높은 곳에서 낮은 곳으로 흘러가면 엔트로피가 증가하게 됩니다.

 에너지의 양보다는 에너지가 얼마나 쓸모가 있느냐 하는

것이 더 중요하다고 할 수 있어요. 쓸모가 적은 에너지는 아무리 많아도 별 소용이 없거든요. 엔트로피는 에너지의 쓸모를 나타내는 양이라고 할 수 있어요. 엔트로피가 적은 에너지는 쓸모가 많은 에너지라고 할 수 있지요.

따라서 엔트로피가 0인 운동 에너지나 위치 에너지 그리고 전기 에너지는 아주 쓸모가 많은 에너지예요. 열에너지는 쓸모가 적은 에너지이지요. 하지만 높은 온도에 있는 열은 엔트로피가 작아 아직 쓸모가 많아요. 하지만 낮은 온도로 가면 갈수록 엔트로피가 커져서 쓸모가 적어지지요. 앞에서 에너지의 쓸모를 나타내는 양이 있으면 좋겠다는 이야기를 한 것을 기억하나요? 그것이 바로 엔트로피예요.

엔트로피 증가의 법칙을 이용하면 열기관이 작동하는 원리를 아주 잘 설명할 수 있어요. 열기관이 작동하기 위해서는 높은 온도와 낮은 온도가 있어야 한다고 했던 것을 기억하고 있나요? 열기관은 높은 온도에서 열을 받아 그중의 일부를 운동 에너지로 바꾸고 나머지 열을 낮은 온도로 흘려보내지요. 높은 온도에서 받은 열량은 운동 에너지로 바꾼 열의 양과 낮은 온도로 흘려보낸 열을 합한 것과 같아야 할 거예요. 에너지의 총량은 일정해야 한다는 에너지 보존 법칙이 성립해야 되기 때문이지요.

높은 온도에서 받은 열의 가능한 많은 부분을 운동 에너지로 바꾸면 좋은 열기관이 되는 것이지요. 앞에서 열에너지의 전부를 운동 에너지로 바꾸는 것은 가능하지 않다고 했지요? 그렇다면 얼마나 많은 부분을 운동 에너지로 바꾸는 것이 가능할까요?

이 문제는 예를 들어 설명하겠습니다. 1,000K에서 열을 받아 그중의 일부를 운동 에너지로 바꾸고 나머지 열을 300K로 흘려보내는 열기관을 생각해 보기로 하지요. 1,000K에서 1,000cal를 받아 그중의 850cal를 운동 에너지로 바꾸고 나머지 150cal의 열을 낮은 온도로 흘려보내는 경우에 엔트로피는 어떻게 변할까요?

온도	1,000K		운동 에너지	300K
에너지	1,000cal	→	850cal	150cal
엔트로피	1		0	0.5

1,000cal의 열이 모두 1,000K에 있을 때는 엔트로피가 1이었어요. 하지만 그중의 850cal는 엔트로피가 0인 운동 에너지로 바뀌었고, 나머지 150cal는 300K로 흘러가 엔트로피는 0.5가 되었어요.

다시 말해 엔트로피가 1이었던 에너지가 엔트로피의 합이 0.5인 에너지로 바뀐 것이지요. 이런 변화는 엔트로피는 항상 증가해야 한다는 열역학 제2법칙에 어긋나기 때문에 작동이 불가능하게 됩니다.

그러면 이번에는 1,000K에서 1,000cal의 열을 받아 그중의 400cal를 운동 에너지로 바꾸고 나머지 600cal를 300K로 흘려보내는 열기관에 대하여 알아볼까요?

온도	1,000K		운동 에너지	300K
에너지	1,000cal	→	400cal	600cal
엔트로피	1		0	2

이 경우에는 엔트로피가 1에서 2로 증가했어요. 따라서 열역학 제2법칙에 어긋나지 않아 작동이 가능합니다. 그러니까 이런 열기관을 만드는 것은 가능하겠지요. 하지만 이 열기관은 높은 온도에서 받은 열 중에서 40%의 열만 운동 에너지로 바꾸기 때문에 그다지 성능이 좋은 열기관이라고는 할 수 없어요.

그렇다면 열역학 제2법칙에도 어긋나지 않으면서도 가장 성능이 좋은 열기관을 만들려면 높은 온도에서 받은 열 중에서 얼마의 열을 운동 에너지로 바꿔야 할까요? 이 문제의 답을 얻으려면 다음과 같은 경우를 생각해 보는 것이 좋을 거예요. 1,000K에서 1,000cal의 열을 받아 그중에 700cal를 운동 에너지로 바꾸고 300cal의 열을 300K로 흘려보내는 경우 엔트로피는 어떻게 변할까요?

온도	1,000K		운동 에너지	300K
에너지	1,000cal	→	700cal	300cal
엔트로피	1		0	1

이 경우에는 엔트로피의 변화가 없게 됩니다. 따라서 엔트로피 증가의 법칙에 어긋나지 않지요. 지금까지 예를 든 경우

를 종합해 보면 온도가 300K인 낮은 온도로 흘려보내는 열량이 300cal가 넘으면 엔트로피는 증가하게 되고, 300cal보다 적으면 엔트로피는 감소하게 된다는 것을 알 수 있어요. 따라서 운동 에너지로 바뀔 수 있는 에너지의 최대량은 700cal라는 것을 알 수 있어요.

만약 세상에서 가장 좋은 열기관을 만든다면 높은 온도에서 받은 열량 중에 70%를 운동 에너지로 바꿀 수 있겠지요. 이것을 열기관의 최대 효율이라고 하고 최대 효율을 내는 열기관을 이상 기관이라고 합니다. 가장 이상적인 열기관이라는 뜻이지요.

그러나 열기관이 작동하는 높은 온도와 낮은 온도가 달라지면 최대 효율이 달라집니다. 높은 온도와 낮은 온도의 온도 차이가 크면 클수록 최대 효율이 커진다는 것을 쉽게 알 수 있을 거예요. 자동차 엔진 내부의 온도와 바깥쪽의 온도 차이가 크면 클수록 더 좋은 엔진을 만들 수 있다는 이야기지요.

따라서 열기관의 최대 효율은 열기관의 종류에 따라 달라지는 것이 아니라 두 온도에 따라 결정된다는 것을 알 수 있어요. 이것은 카르노가 그의 논문에서 열기관의 최대 효율은 온도에 의해서만 결정된다고 주장했던 것과 같은 결과이지요. 열소설을 이용하여 분석했는데도 올바른 결과를 얻어 냈다는 것은 재미있는 일이에요.

엔트로피 증가의 법칙이 없었다면 열이 낮은 온도에서 높은 온도로 흐를 수 있겠지요? 그렇다면 높은 온도에서 열을 받아 운동 에너지로 바꾸고 나머지 열을 낮은 온도로 보낸 다음 그 열을 다시 높은 온도로 흘러가게 할 수 있겠지요? 그러면 결국 열을 모두 운동 에너지로 바꾼 결과가 되지요. 그리고 운동 에너지로 바뀐 열도 결국 다시 마찰이나 충돌을 통해 열로 바뀌게 되므로 이 열을 다시 높은 온도로 흘러가게 하면 이 열을 다시 사용할 수 있을 거예요. 그렇게 되면 같은 에너지를 수없이 반복해서 이용할 수 있겠지요. 이런 열기관도 외부에서 에너지를 가해 주지 않아도 영원히 일을 할 수 있겠지요. 이런 영구 기관을 제2종 영구 기관이라고 합니다. 그러나 제2종 영구 기관은 열역학 제2법칙에 어긋나기 때문에 작동이 가능하지 않는 기관이지요.

엔트로피라는 양이 조금 생소한 양이지만 열과 관계된 여러 가지 현상을 설명하는 데 꼭 필요한 양이라는 것을 알 수 있었을 거예요. 하지만 지금까지 설명한 것만으로는 아직 엔트로피의 의미를 충분히 알았다고 할 수 없어요. 사실 내가 엔트로피라는 양을 만들어 냈지만 나 자신도 엔트로피가 가지고 있는 의미를 충분히 알았다고는 할 수 없어요. 엔트로피가 가지고 있는 의미를 충분히 알아낸 사람은 나보다 후에 태어난 볼츠만(Ludwig Boltzmann, 1844~1906)이라는 사람이 었기 때문이에요. 그러면 다음에는 볼츠만이 알아낸 엔트로피의 의미에 대하여 생각해 보겠어요.

열역학 제2법칙은 무엇인가요?

열역학 제2법칙은 엔트로피는 항상 증가해야 한다는 것으로, 엔트로피 증가의 법칙이라고 부르기도 하지요.

열역학 제2법칙 = 엔트로피 증가의 법칙

높은 온도에 있던 열은 온도가 낮은 곳으로 흘러가면 엔트로피가 증가하게 되지요.

그럼 반대로 낮은 온도에 있던 열이 높은 온도로 흘러가면 엔트로피는 감소하게 되나요?

높은 온도 ──────→ 낮은 온도
엔트로피 증가

그렇겠지요. 하지만 낮은 온도에 있는 열은 높은 온도로 흘러가는 일은 절대로 일어나지 않아요.

그렇군요.

높은온도 →
낮은온도 ↓
우린 절대 올라갈 열이 없어

따라서 열이 항상 높은 온도에서 낮은 온도로만 흐르는 것은 열은 항상 엔트로피가 증가하는 방향으로만 흐른다고 말할 수 있어요.

그래서 엔트로피가 감소하지는 않는 거군요.

높은온도
이사가자
낮은온도
엔트로피 증가

그리고 운동 에너지가 모두 열에너지로 바뀔 수 있는 것도, 에너지는 항상 엔트로피가 증가하는 방향으로만 변한다고 할 수 있지요.

에너지의 변화가 모두 엔트로피가 증가하는 방향으로만 일어나는군요.

열에너지로 변신, 성공!
난 운동 에너지로 변신 실패…
운동
열

또한 엔트로피는 에너지의 쓸모를 나타내는 양이라고도 할 수 있지요. 엔트로피가 적은 에너지는 쓸모가 많은 에너지라고 할 수 있어요.

그래서 높은 온도에 있는 열이 엔트로피가 작으니까 쓸모가 많은 거군요.

우린 쓸모가 많아
높은온도

볼츠만의 엔트로피

볼츠만은 엔트로피를 어떻게 정의했나요?
볼츠만이 정의한 엔트로피에 대해 알아봅시다.

볼츠만의 엔트로피

교. 고등 물리 II   1. 운동과 에너지

과.

연.

계.

클라우지우스가
지난 시간에 배운 내용을 복습하며
여덟 번째 수업을 시작했다.

앞에서 엔트로피는 열량을 온도로 나눈 양이라고 했어요. 이렇게 정의된 엔트로피는 열이 높은 온도에서 낮은 온도로만 흐른다는 사실을 설명하는 데 편리하기는 하지만 엔트로피가 무엇인지 그리고 왜 엔트로피는 항상 증가해야 하는지를 제대로 설명할 수는 없었어요.

열량을 온도로 나눈 것을 엔트로피라고 말하고 엔트로피는 항상 증가해야만 한다고 주장하는 것은 억지처럼 보이기도 했을 거예요. 왜 증가해야 하는지는 설명하지 않고 증가해야만 한다고 우긴 셈이 되었으니까요. 이런 문제를 해결하기 위해서는 엔트로피라는 양이 어떤 의미를 가지는지를 좀 더 자세히 따져 볼 필요가 있게 되었어요.

우리가 다 알고 있는 것처럼 모든 물체는 수없이 작은 원자나 분자들로 이루어져 있어요. 이 원자나 분자들이 가만히 있지 않고 분주하게 운동을 하고 있기 때문에 열과 관계된 여러 가지 현상이 나타나는 것이거든요. 따라서 엔트로피가 어떤 의미를 가지는지를 알아내기 위해서는 엔트로피가 원자들의 움직임과 어떤 관계가 있는지 알아야 할 거예요.

열에 관한 문제들을 원자의 운동을 이용해 설명하려고 처음 시도한 사람은 영국의 맥스웰(James Maxwell, 1831~1879)이었어요. 맥스웰은 영국의 과학자로 전기와 자석에 대한 연구로 유명하게 된 사람이지요. 맥스웰은 전기와 자석의 성질이 어떤 관계가 있는지 그리고 전기와 자석의 성질을 나타내는 법칙들에는 어떤 것들이 있는지를 정리하고 발표하여 전자기학의 기초를 닦은 사람이에요.

맥스웰은 열이 수많은 입자들의 운동에 의해 나타나는 현상이므로 열을 제대로 이해하기 위해서는 이 입자들의 행동을 잘 알아야 한다고 생각했지요. 하지만 열과 관계된 입자들은 너무 많기 때문에 입자 하나하나의 운동을 분석하는 것은 가능하지 않아요. 따라서 통계적인 방법을 이용해야 한다고 생각했어요.

통계적인 방법이란 우리가 많은 사람들과 관계된 일들을 다룰 때 자주 사용하는 방법이에요. 예를 들어, 한 나라에 사는 사람 전체의 키를 분석한다고 생각해 보세요. 한 나라 안에는 수천만의 사람이 살고 있으므로 한 사람 한 사람의 키를 다룰 수는 없어요. 대신 키의 평균값을 구해 보고 사람들의 키가 대개 어떤 범위에 속하는지 알아보는 것이 효과적이지요. 이렇게 키의 평균값과 키의 분포를 다루는 것이 통계적인 방법이에요.

맥스웰은 통계적인 방법을 이용하여 어떤 온도에서 물체를 이루는 입자들의 평균 속도는 얼마나 되는지 그리고 속도 분포는 어떻게 되는지 설명하려고 시도했지요. 맥스웰의 그런 시도는 상당한 성공을 거두었어요. 그것이 1860년대의 일이었지요. 그러니까 내가 엔트로피에 대한 개념을 제안하고 얼마 지나지 않은 때였어요.

이제 엔트로피도 원자나 분자를 이용하여 설명할 필요가 있게 되었어요. 그래야 엔트로피가 가지고 있는 의미를 확실히 알 수 있을 거라고 생각하게 되었지요. 엔트로피를 원자들의 행동을 이용해 설명하려고 시도한 사람은 볼츠만이었어요.

볼츠만은 1844년에 오스트리아의 빈에서 태어난 사람이에요. 그러니까 나보다 22년 후에 태어난 사람이지요. 볼츠만은 빈 대학의 물리학과에서 슈테판 교수의 지도 아래 박사 학위를 받았지요. 고등학교나 대학에 가면 슈테판-볼츠만의 법칙이라는 것을 배우게 되지요.

슈테판-볼츠만 법칙은 물체가 내는 에너지는 온도의 4제곱에 비례한다는 법칙이에요. 볼츠만은 원자들의 운동을 분석하여 엔트로피를 설명하려고 시도하는 동안 뜻하지 않은 어려움을 겪게 되었어요.

영국의 화학자 돌턴이 만물이 원자라는 작은 알갱이들로 만들어졌다는 원자론을 발표한 것은 1808년의 일이었어요. 따라서 볼츠만이 활약하던 1800년대 말에는 원자가 존재한다는 것을 대부분 인정하고 있었지요. 맥스웰도 원자의 존재를 바탕으로 기체의 행동을 설명하는 데 성공했고요.

하지만 과학자들 중에는 원자가 존재한다는 것을 믿지 못하겠다고 버티는 사람도 있었어요. 원자는 너무 작아서 아무리 좋은 현미경을 사용해도 눈으로 볼 수 없어요. 그러자 과학자들 중에는 실제로 볼 수 없는 원자가 있다고 주장하는 것에 반대하는 사람이 나타났어요. 이렇게 실제로 눈으로 확인할 수 있는 것만 믿겠다는 사람들을 실증주의자들이라고 해요. 그런 사람들이 빈 대학에 특히 많이 있었어요. 그런 사람들은 볼츠만이 원자를 이용하여 엔트로피를 설명하려는 것을 몹시 싫어했어요.

심지어는 볼츠만의 강의를 방해하기도 했지요. 1800년대 말과 1900년대 초에 이런 일이 있었다는 것이 믿어지지 않겠지만 볼츠만에게는 아주 심각한 문제였어요. 그래서 볼츠만은 그런 사람들을 피해 여기저기 학교를 옮겨 다녀야 했어요. 스물다섯 살 때 처음으로 그라츠 대학의 교수가 된 볼츠만이 그라츠·빈·뮌헨·라이프치히 대학 등 여러 대학을 옮겨 다니면서 학생들을 가르친 것은 이 때문이었어요.

볼츠만은 이렇게 여러 대학을 옮겨 다니는 동안에도 열과 엔트로피에 대한 연구를 계속했어요. 그래서 결국 엔트로피를 전혀 새롭게 해석하는 데 성공했지요. 그러면 이제 볼츠만이 알아낸 새로운 엔트로피에 대한 해석에 대하여 알아볼까요?

볼츠만이 알아낸 엔트로피의 의미를 알아보는 데는 우리가 본 적이 없는 원자를 가지고 설명하는 것보다 우리에게 익숙한 콩을 가지고 설명하는 것이 더 쉬울 거예요. 두 칸으로 나누어져 있는 네모난 통을 생각해 보세요. 한쪽 칸에는 흰 콩이 들어 있고, 다른 한쪽 칸에는 검은 콩이 들어 있어요. 콩은 크기와 무게가 똑같고 색깔만 다르다고 합시다. 두 칸을 막고 있는 칸막이를 치워 버리고 통을 흔들었다고 생각해 보세요. 1번 흔든 후에는 콩이 어떻게 되었을까요? 아직도 한 쪽 칸에는 흰 콩이 있고 다른 쪽 칸에는 검은 콩이 있을까요? 아니면 두 색깔의 콩이 섞였을까요? 당연히 섞였겠지요. 우리는 실제로 실험해 보지 않고도 콩이 섞였을 것이라는 것을 쉽게 짐작할 수 있어요.

2번, 3번 흔들면 어떻게 될까요? 점점 더 골고루 섞이겠지요? 왜 콩은 자꾸 섞이기만 할까요? 그것은 콩이 섞여 있는 것이 콩이 분리되어 있는 것보다 확률이 높은 상태이기 때문이에요. 확률이란 또 무엇일까요? 흰 공이 10개, 검은 공이 20개 들어 있는 상자에 손을 넣어 공을 하나 꺼낸다면 어떤 공이 나올 가능성이 클까요? 검은 공이 흰 공보다 2배나 더 많으니까 검은 공이 나올 가능성이 2배나 더 클 거예요. 이렇게 어떤 일이 일어날 가능성이 얼마나 되는지를 나타내는 것이 확률이에요. 콩이 섞일 확률이 섞이지 않을 확률보다 크다는 것은 섞일 가능성이 섞이지 않을 가능성보다 크다는 것이지요.

부모님들이 항상 물건을 잘 정돈해 놓으라고 말씀하시는 것을 들었을 거예요. 내가 살던 150년 전에도 부모님들은 늘

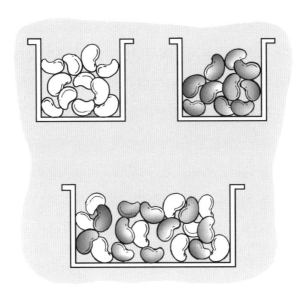

그런 말씀을 하셨는데 지금의 부모님들도 그런 이야기를 하시는 것을 보면 물건을 잘 정돈하는 것이 쉬운 일이 아닌 것 같아요. 물건을 잘 정돈하는 일이 왜 힘든 일일까요?

사실 물건을 잘 정돈하는 것은 그렇게 힘든 일이 아니에요. 잠깐만 수고하면 잘 정돈할 수 있지요. 하지만 정돈해 놓은 물건을 그대로 유지하는 것은 생각보다 힘들어요. 아무리 잘 정돈해 놓아도 곧 다시 흩어져 버리기 때문이지요. 이 때문에 150년 전의 부모님이나 오늘날의 부모님들은 계속 같은 잔소리를 하시는 거예요.

흩어진 물건들이 저절로 잘 정돈된다면 얼마나 좋을까요?

하지만 일단 흩어진 물건들이 저절로 정돈되는 일은 없어요. 생활하다 보면 정돈된 물건들은 어느 사이 흩어지지만 흩어진 물건들이 자연스레 정돈되지는 않아요. 왜 그럴까요?

그것은 정돈되어 있는 것보다 흩어져 있는 것이 확률이 높은 상태, 다시 말해 일어날 가능성이 큰 상태이기 때문이에요. 이런 사실들은 세상의 모든 것이 섞이고, 흩어지고, 불규칙해지는 쪽으로 변해 가고 있다는 것을 나타내요. 그것은 섞이고, 흩어지고, 불규칙한 것이 규칙적이고 질서 있는 상태보다 확률이 높은 상태이기 때문이에요.

볼츠만은 엔트로피는 어떤 상태의 확률을 나타내는 양이라고 새롭게 해석했어요. 그러니까 섞이고, 흩어지고, 불규칙해진 상태는 그렇지 않은 상태보다 엔트로피가 높은 상태라고 한 것이지요. 시간이 갈수록 모든 것이 섞이고, 흩어지고,

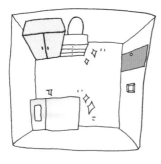

야~, 여긴 엔트로피가 아주 낮은데….

여긴 엔트로피가 너무 높아.

불규칙해지는 것은 엔트로피는 항상 증가해야 한다는 엔트로피 증가의 법칙과 잘 맞아요.

이렇게 엔트로피를 새롭게 정의하자 엔트로피는 열에너지만 가지고 있는 양이 아니라 모든 상태가 가지는 양이 되었어요. 볼츠만이 엔트로피에 대한 새로운 해석이 담긴 논문을 발표한 것은 1877년의 일이었어요. 그러니까 내가 엔트로피는 열량을 온도로 나눈 양이라고 설명하고 20년이 지난 후에 볼츠만이 새로운 엔트로피를 제안한 것이지요.

그렇다면 볼츠만이 확률을 이용하여 새롭게 정의한 엔트로피는 열량을 온도로 나눈 엔트로피와 어떤 관계가 있을까요? 그 관계를 알기 위해서는 열이 높은 곳에서 낮은 곳으로 흐른다는 것이 실제로 무엇을 뜻하는지 알아보는 것이 좋을 거예요. 온도가 높은 물체를 이루고 있는 분자들은 빠르게 운동하고 있어요. 반면에 온도가 낮은 물체를 이루는 분자들은 천천히 운동하고 있지요. 이제 통로를 만들어 온도가 높은 곳에 있는 분자와 온도가 낮은 곳에 있는 분자가 마음대로 오갈 수 있도록 하면 어떤 일이 일어날까요? 흰 콩과 검은 콩이 섞이듯이 빨리 움직이는 분자와 천천히 움직이는 분자들이 섞이지 않겠어요?

이렇게 빨리 움직이는 분자와 천천히 움직이는 분자가 섞

높은 온도

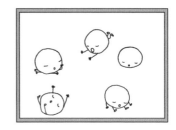

낮은 온도

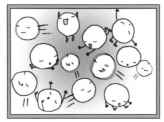

높은 온도 → 낮은 온도

이면 온도가 높았던 곳의 온도는 내려가고 온도가 낮았던 곳의 온도는 올라가겠지요. 밖에서 보는 사람들은 이것을 보고 열이 높은 온도에서 낮은 온도로 흘렀다고 말할 거예요. 그러니까 열이 높은 온도에서 낮은 온도로 흐르는 것은 서로 다른 속도로 운동하던 분자들이 섞이는 현상이에요. 따라서 세상의 모든 것은 섞이는 방향으로 변해 간다는 새로운 엔트로피 증가의 법칙이 열의 흐름도 잘 설명할 수 있게 되었어요.

열이 낮은 온도에서 높은 온도로 흘러가기 위해서는 낮은 온도에 있는 분자들 중에서 빠르게 운동하는 분자들만 골라 높은 온도로 보내고, 높은 온도에서 천천히 움직이는 분자들만 가려내어 낮은 온도로 보내야 하는데 이런 일은 저절로 일어나지 않아요. 그런 일은 흩어졌던 물건들이 저절로 다시 잘 정돈되는 것처럼 가능한 일이 아니지요. 따라서 모든 것이 섞이고, 흩어지고, 불규칙해지는 한 열은 높은 온도에서 낮은 온도로만 흘러가야 해요.

그러면 이번에는 운동 에너지는 열에너지로 모두 바뀔 수 있지만 열에너지는 운동 에너지로 모두 바뀔 수 없다는 것을 새로운 엔트로피를 이용해 설명해 볼까요? 앞에서 설명한 대로 운동 에너지는 물체를 이루는 분자들이 모두 한 방향으로 운동하는 에너지예요. 반면에 분자들의 불규칙한 운동 때문에 생기는 에너지가 열에너지예요.

다시 말해 운동 에너지는 분자들의 운동 방향이 규칙적인 운동에 의한 것이고, 열에너지는 분자들의 불규칙한 운동에

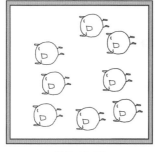

운동 에너지　　　　　　　　　　열 에너지

의한 것이에요. 그러니까 운동 에너지가 열에너지로 바뀌는 것은 규칙적인 운동이 불규칙한 운동으로 바뀌는 것이지요.

규칙적이었던 것이 불규칙하게 바뀌는 것은 엔트로피를 증가시키는 변화예요. 하지만 열에너지가 운동 에너지로 바뀌는 것은 불규칙한 운동이 규칙적인 운동으로 바뀌는 것이에요. 불규칙한 운동이 규칙적인 운동으로 바뀌면 엔트로피는 감소하게 돼요. 따라서 엔트로피 증가 법칙에 어긋나게 되지요.

결국 운동 에너지가 열에너지로 바뀌는 것은 분자들의 운동 방향이 섞이는 거예요. 열에너지가 운동 에너지로 바뀌는 것은 섞여 버린 운동 방향이 다시 한 방향으로 배열하는 것인데, 그것은 섞인 콩이 다시 갈라지지 않는 것처럼 가능하지 않다는 것이지요.

얼마나 잘 섞여 있는가, 즉 얼마나 확률이 높은 상태인가를 나타내는 볼츠만의 엔트로피는 이렇게 하여 열의 흐름이나 에너지의 변화까지도 모두 설명할 수 있게 되었어요. 따라서 새로운 엔트로피는 예전의 엔트로피를 모두 포함하면서 예전의 엔트로피보다 훨씬 더 많은 것을 설명할 수 있는 폭넓은 의미를 가지는 엔트로피가 되었어요.

하지만 볼츠만의 엔트로피를 받아들이기 위해서는 원자가

실제로 존재한다는 것을 우선 인정해야 해요. 볼츠만의 엔트로피는 원자들의 운동이 섞이는 것을 이용하여 열과 관계된 현상을 설명하고 있기 때문이지요.

하지만 볼츠만에 반대하는 사람들은 원자가 존재한다는 것도, 따라서 볼츠만의 엔트로피도 인정하려 하지 않았어요. 대신 볼츠만을 비난하고 따돌리기까지 했지요. 사람들이 어떤 한 가지 생각에 몰두해 있으면 아무리 올바른 이야기를 해도 인정하지 않으려 하기 마련이에요. 올바른 이론을 제안한 볼츠만은 오히려 괴로워하게 되었고 외톨이가 되었어요. 그래서 결국 1906년 9월 5일 자살해 버리고 말았어요.

한 사람이 일생을 바쳐 올바른 이론을 만들었지만 많은 사람들이 그것의 중요성을 알아주지 못해 오히려 그 사람을 죽음으로 내몰았다는 것은 참으로 안타까운 일이에요. 하지만 그가 죽은 후 그의 이론은 많은 사람들에 의해 인정받기 시작했어요. 그래서 그의 이론은 열에 관한 이론을 새롭게 해석한 통계 역학의 기초가 되었지요. 요즈음에는 전 세계의 모든 대학의 물리학과에서 볼츠만의 이론에 기초한 통계 역학을 배우고 있어요.

나는 엔트로피를 처음 제안한 사람이고 볼츠만은 엔트로피를 크게 발전시킨 사람이라고 할 수 있어요. 따라서 볼츠만

은 내게 가장 고마운 사람이지요. 볼츠만이 없었다면 엔트로 피는 그냥 열의 흐름과 에너지의 변화에만 관계되는 그리 중 요하지 않은 양이 되었을 것이에요. 하지만 볼츠만이 엔트로 피를 새롭게 해석하고 확장하여 엔트로피는 열과 관계된 현 상 외에도 많은 현상을 설명하는 중요한 양이 되었어요. 그 러면 이제는 엔트로피가 열 현상과 관계없는 다른 부분에는 어떻게 적용되는지 알아볼 차례가 되었군요.

엔트로피에 대해서 조금 더 설명해 주세요.

그럼 오늘은 볼츠만이 알아 낸 새로운 엔트로피에 대한 해석에 대해서 이야기해 줄 게요.

우선 간단한 실험을 해 봐요. 여기 크기와 무게는 같고 색깔만 다른 콩이 있어요. 두 칸을 막고 있는 칸막이를 치워 버리고 통을 흔들면 어떻게 될까요?

흔들면 섞이겠지요.

맞아요. 콩이 자꾸 섞이기만 하는 것은 콩이 섞여 있는 것이 콩이 분리되어 있는 것보다 확률이 높은 상태이기 때문이에요.

어떤 일이 일어날 가능성이 얼마나 되는지를 나타내는 것이 확률이지요?

네. 정돈된 물건들은 잘 흩어지지만 흩어진 물건들이 잘 정돈되지 않지요. 그것은 불규칙한 것이 규칙적인 것보다 확률이 높은 상태이기 때문이에요.

엔트로피가 낮은 경우

그렇군요.

볼츠만은 엔트로피는 어떤 상태의 확률을 나타내는 양이라고 해석했어요. 그러니까 불규칙해진 상태는 그렇지 않은 상태보다 엔트로피가 높은 상태라는 것이죠.

엔트로피가 높은 경우

네.

얼마나 잘 섞여 있는가, 즉 얼마나 확률이 높은 상태인가를 나타내는 볼츠만의 엔트로피는 이렇게 하여 열의 흐름이나 에너지의 변화까지도 모두 설명할 수 있게 되었지요.

볼츠만은 엔트로피를 크게 발전시킨 사람이었군요.

우주와 엔트로피

시간의 흐름과 우주의 진화도 엔트로피로 설명할 수 있을까요?
엔트로피 증가의 법칙에 대해 알아봅시다.

마지막 수업

우주와 엔트로피

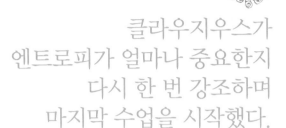

클라우지우스가
엔트로피가 얼마나 중요한지
다시 한 번 강조하며
마지막 수업을 시작했다.

벌써 엔트로피에 대한 이야기를 마무리할 때가 되었군요.
엔트로피는 아주 재미있는 양이지만 우리 일상생활과 직접
관계가 없는 양이어서 쉽게 이해되지 않는 면도 있었을 거예
요. 하지만 엔트로피가 열과는 직접 관계가 없는 다른 분야
에 어떻게 적용될 수 있는가를 알게 되면 엔트로피라는 양이
얼마나 중요한 양인지 실감할 수 있을 거예요.

따라서 마지막 수업인 오늘은 엔트로피를 이용해서 시간의
흐름과 우주의 진화를 어떻게 다룰 수 있는지를 살펴봅시다.

그럼 우선 엔트로피가 시간의 흐름과 어떤 관계가 있는지

부터 알아볼까요? 시간 이야기는 공을 굴리는 이야기로 시작해 보지요. 공을 앞으로 굴리면 앞으로 굴러가요. 앞으로 굴러간 공을 뒤로 굴리면 공이 왔던 길을 따라 뒤로 굴러갈 거예요. 앞으로 달려가던 자동차는 뒤로 달려갈 수도 있어요. 세상에서 일어나는 일들은 모두 반대 방향으로도 일어날 수 있어요.

만약 세상에서 일어난 일들이 모두 반대 방향으로 일어난다면 어떻게 될까요? 마치 비디오테이프를 거꾸로 돌리는 것처럼 모든 일이 거꾸로 일어나게 한다면 시간도 거꾸로 흘러갈까요? 모든 것이 거꾸로 갈 수 있다고 하더라도 시간이 거꾸로 간다는 생각은 어쩐지 받아들이기 어려워요. 시간이란 과거에서 미래로 끊임없이 흐르는 것이라는 것이 우리의 생각이거든요. 하지만 모든 일들이 거꾸로 일어난다면 시간이 거꾸로 간 것과 무엇이 다르겠어요.

엔트로피 증가의 법칙이 나오기 전까지는 물리학의 어떤 법칙도 세상의 모든 일들이 거꾸로 가면 안 된다고 하는 법칙은 없었어요. 누군가 아주 대단한 힘을 가진 존재가 모든 일들이 거꾸로 진행되도록 돌려놓았다고 생각하면 시간이 거꾸로 흘러가도 물리 법칙에 어긋나는 것은 아니었어요.

하지만 엔트로피 증가의 법칙은 이런 것이 가능하지 않다

아리스토텔레스

아인슈타인

뉴턴

고 말해 주고 있어요. 시간이 감에 따라 엔트로피가 증가하기 때문에 과거로 돌아갈 수 없다는 것이지요. 어제의 우주와 오늘의 우주가 똑같다면 모든 것을 거꾸로 돌려 어제의 우주로 갈 수 있을지도 몰라요. 하지만 오늘의 우주는 어제의 우주보다 엔트로피가 많아요. 어제로 돌아가려면 엔트로피가 줄어들어야 하지요. 하지만 엔트로피 증가의 법칙에 의해 엔트로피는 항상 증가해야 해요. 따라서 엔트로피 증가의 법칙이 있는 한 어제의 우주로 갈 수 없게 된 것이지요. 다시 말해 엔트로피 증가의 법칙은 우주에 시간이 흘러가는 방향을 제시해 주게 되었어요.

과거와 미래를 마음대로 오고 갈 수 있는 타임머신은 모든 사람들이 꿈꾸는 가장 환상적인 기계예요. 그래서 학생들 중에는 지금 어디에선가 과학자들이 타임머신을 만들고 있을 것이라고 생각하고 있는 사람도 많아요. 하지만 엔트로피 증가의 법칙이 있는 한 우주에서 시간이 거꾸로 흘러가게 하는 것은 가능하지 않아요. 따라서 타임머신을 만들기 위해 연구하고 있는 과학자는 어디에도 없어요.

그러면 이제 엔트로피 증가의 법칙이 어떤 경우에 항상 성립하는지에 대해 좀 더 자세하게 알아보기로 하지요. 세상에서는 모든 일들이 항상 엔트로피가 증가하는 방향, 즉 섞이고, 흩어지고, 불규칙해지는 방향으로만 일어날까요? 그렇지 않은 경우도 많아요. 예를 들면, 생명체는 아주 단순한 단세포 동물에서부터 수많은 원자들이 규칙적으로 배열되어 있는 고등 생물로 진화해 왔잖아요.

생명체가 커가는 것이나 진화해 가는 것은 엔트로피 증가의 법칙에 어긋난다고 할 수 있어요. 그러면 엔트로피 증가의 법칙은 생명체에게는 적용되지 않는 것일까요? 그렇지 않아요. 엔트로피 증가의 법칙은 생명체에게도 그대로 적용됩니다. 그렇다면 생명체의 진화와 성장은 어떻게 설명할 수 있을까요?

작은 생명체가 큰 생명체로 자라나기 위해서는 많은 양의 물질을 섭취하고 배설해야 합니다. 생명체가 섭취하는 물질의 엔트로피보다 배설하는 물질의 엔트로피가 항상 크지요. 따라서 생명체는 성장하면서 자신의 엔트로피를 감소시키는 대신 주위의 엔트로피를 증가시킵니다.

따라서 생명체와 주위의 엔트로피를 모두 합하면 엔트로피는 항상 증가한다는 것을 알 수 있어요. 생명체의 엔트로피가 감소할 수 있는 것은 생명체가 주위와 물질과 에너지를 주고받을 수 있기 때문이에요.

따라서 엔트로피 증가의 법칙은 외부와 물질과 에너지를 주고받지 않은 경우에만 적용되지요. 이렇게 외부와 물질과 에너지를 주고받지 않는 계를 고립계라고 합니다.

따라서 엔트로피 증가의 법칙을 더 정확하게 말한다면 고립계의 엔트로피는 항상 증가하거나 같아야 한다고 할 수 있어요. 그렇다면 실제로 외부와 전혀 아무런 관계가 없는 고립계가 있을 수 있을까요?

실험실에서 우리는 그런 고립계를 만들 수 있어요. 물질과 에너지가 들락거리지 못하도록 잘 밀폐시켜 놓으면 고립계가 만들어지는 것이지요. 하지만 엄밀한 의미에서는 이런 장치도 완전한 고립계라고는 할 수 없어요. 양이 적더라도 열이 흘러들어 갈 테고 안을 들여다볼 때 빛이 들어가기도 할 테니까요. 빛도 에너지이므로 빛이 들어가기만 해도 이미 고립계라고 할 수 없어요.

　그렇다면 우리 지구는 어떨까요? 태양을 비롯한 다른 천체들로부터 멀리 떨어져 공중에 떠 있는 지구는 고립계라고 할수 있을까요? 지구가 고립계가 아니라는 것은 설명하지 않아도 잘 알 수 있을 거예요. 지구에는 태양으로부터 엄청난 양의 에너지가 오고 있어요. 그 에너지를 이용하여 생명체가 살아가고 있거든요.

　지구에는 어디를 가나 생명체가 가득해요. 앞에서 이야기한 대로 생명체는 자라면서 자신의 엔트로피를 감소시키고 있어요. 생명체가 엔트로피를 감소시키면서 성장할 수 있는 것은 태양에서 오는 에너지 때문이에요. 생명체가 자신의 엔트로피를 감소시키는 대신 외부의 엔트로피를 증가시켜야 하는데 바로 태양에서 오는 에너지의 엔트로피를 증가시키고 있어요. 식물에서 일어나는 광합성 작용은 빛의 형태로

전달된 태양 에너지를 화학 에너지로 바꾸면서 엔트로피를 증가시키고 복잡한 구조를 가진 탄수화물을 만들어 내서 엔트로피를 감소시키고 있지요.

이제 지구도 고립계가 아니라면 항상 엔트로피가 증가하기만 하는 고립계는 어디에서 발견할 수 있을까요? 태양계는 고립계일까요?

태양계는 다른 별 세계와는 아주 멀리 떨어져 있어요. 가장 가까이 있는 별까지의 거리만 해도 4.3광년이나 되지요. 1초에 지구를 7바퀴 반 돌 수 있는 빛의 속도로도 4.3년을 달려가야 겨우 이웃별을 만날 수 있다는 것은 태양계가 얼마나 외로운 별인지를 잘 나타내지요.

따라서 태양계는 다른 별 세계로부터 희미한 별빛 이외에는 받는 것이 없어요. 따라서 태양계는 고립계로 보아도 괜찮을 거예요. 따라서 태양계 전체의 엔트로피는 항상 증가해야만 하지요. 태양의 내부에서 핵융합 반응으로 에너지를 만들어 내고 이 에너지가 태양계 전체로 퍼져 나가는 것도 모두 태양계 전체의 엔트로피를 증가시키는 작용이라고 할 수 있어요. 지구의 생명체들이 태양 빛을 받아 성장하면서 진화하는 것도 모두 태양계 전체의 엔트로피를 증가시키는 일이에요.

그러나 엄밀한 의미에서는 태양계도 완전한 고립계라고 할 수는 없어요. 태양에서 나온 에너지는 우주를 향해 흩어져 가고 있고 태양계 밖으로부터도 에너지가 들어오고 있기 때문이에요. 별 세계에서 오는 에너지가 그리 많지는 않다고 해도 오랜 세월 동안 받으면 그 양도 무시할 수 없을 정도로 크거든요. 별에서는 희미한 별빛만 오고 있는 것이 아니라 큰 에너지를 가지고 있는 엑스선이나 감마선도 오고 있어요. 따라서 태양계는 바깥 세상과 완전히 격리되어 있는 것이 아니라 바깥 세상과 에너지를 주고받고 있어요. 이런 사정은 우리 태양계가 속해 있는 우리 은하에서도 마찬가지예요.

태양계나 은하도 고립계가 아니라면 세상에는 진정한 의미의 고립계가 존재하지 않는 것일까요? 그렇지 않아요. 세상에는 완전한 고립계가 하나 있어요. 그것은 우리 우주예요. 수많은 은하와 별들로 이루어진 우리 우주는 완전한 고립계라고 할 수 있어요. 우리 우주 밖에 우리 우주와 같은 또 다른 우주가 있는지 없는지에 대해서 우리는 정확히 알 수 없어요. 하지만 다른 우주가 있다고 해도 우리 우주는 다른 우주와는 아무것도 주고받지 않아요.

물질이 오고 갈 수 없음은 물론 에너지도 오가지 않아요. 따라서 세상에는 우리 우주 하나만 있다고 해도 틀린 말이 아니에요. 다시 말해 우리 우주는 완전한 고립계라고 할 수 있지요. 따라서 우리 우주 전체의 엔트로피는 항상 증가하기만 해야 해요.

우리 우주는 약 140억 년 전에 한 점에 모여 있던 에너지가 팽창하면서 시작되었어요. 우주가 시작될 때의 온도는 우리가 상상할 수 없을 정도로 높았지요. 하지만 팽창하면서 우주의 온도가 내려갔어요. 그러면서 양성자, 전자, 중성자와 같은 알갱이들이 생겨났지요. 중성자와 양성자는 몇 개씩 모여 간단한 원자핵을 만들기도 했고요. 이렇게 시작된 우주는 시간이 흘러감에 따라 수많은 은하와 별들로 이루어진 오늘날의 우주로 진화했어요. 천문학자들은 우주의 진화 과정을 설명하기 위한 여러 가지 이론들을 내놓고 있지요.

하지만 엔트로피 증가 법칙으로 보면 우주에서 일어난 모든 변화는 엔트로피가 증가되는 현상이라고 할 수 있어요. 우주의 모든 것이 한 점에 모여 있던 초기 우주에는 엔트로피가 0이었어요. 그러나 우주가 팽창하면서 엔트로피가 증가하기 시작했지요.

섞이고, 흩어지고, 불규칙하게 되는 것이 엔트로피가 증가하는 방향이라고 했던 것을 기억할 거예요. 따라서 우주도 시간이 감에 따라 점점 더 섞이고, 흩어지고, 불규칙해졌어요. 때로 우주의 어느 부분에서 엔트로피가 감소하는 일이

벌어질 수는 있어요. 그러나 어느 부분의 엔트로피가 감소하는 대신 다른 부분의 엔트로피가 증가하여 우주 전체의 엔트로피는 항상 증가만 하지요.

엔트로피가 계속 증가하다 보면 언젠가는 더 이상 증가할 수 없는 상태에 도달하게 될 거예요. 그렇게 되면 이제 우주에서는 아무 일도 일어날 수 없어요. 무슨 일이 일어난다는 것은 엔트로피가 증가한다는 것을 뜻해요. 그런데 이미 엔트로피가 최대인 상태가 되었으므로 더 이상 증가할 수가 없잖아요. 아무 일도 일어나지 않는 우주는 어떤 우주일까요? 별이 빛을 내지도 않고, 생명체가 살아가지도 않고, 행성들이 움직이지도 않는 우주를 한번 상상해 보세요. 그런 우주는 어떤 우주일까를 상상하는 우리마저도 존재할 수도 없는 우주이지요. 이런 상태를 열적으로 죽은 상태라고 해요.

그러니까 우주는 엔트로피가 0인 상태에서 시작해 엔트로피가 최대가 되는 상태에서 끝난다고 할 수 있어요. 그렇다면 우주 초기에 어떻게 우주의 모든 물질이 한 곳에 모여 엔트로피가 0인 상태가 만들어졌을까요? 이런 질문은 너무 어려운 질문이에요. 그것은 우리 우주가 왜 존재하느냐고 묻는 것과 같은 것이지요. 이런 질문에 대답할 수 있는 사람은 세상에 아무도 없어요.

예전에 어떤 사람이 신학자에게 하느님이 우주를 만들기 전에는 무슨 일을 하고 계셨을까를 물어보았대요. 그랬더니 그 신학자가 '하느님은 우주를 만들기 전에 그런 질문을 하는 사람들을 보낼 지옥을 만들고 계셨다' 라고 대답했다고 합니다. 대답하기 어려운 질문을 잘 피해 간 것 같지요?

엔트로피는 우주의 변화와 같은 커다란 사건을 설명하는 데 사용될 수도 있지만 우리 주위에서 일어나는 여러 가지 일들을 사용하는 데도 사용될 수 있어요. 사람들의 행동, 사회적인 변화, 경제적인 문제의 분석, 교육과 관련된 문제를 설명할 때 엔트로피를 사용하는 사람들도 있어요. 열이 왜 높은 온도에서 낮은 온도로만 흐르는지를 설명하기 위해 도입한 엔트로피가 이렇게 널리 사용되게 된 것은 놀라운 일이에요. 따라서 엔트로피의 개념을 정확히 이해하는 것은 매우 중요한 일이 되어 버렸어요.

지금까지 열과 관계된 현상을 설명하기 위해 도입된 엔트로피라는 양이 우주의 변화를 나타내는 중요한 양으로 변해 가는 과정에 대해 살펴보았어요. 우리가 살아가고 있는 자연 속에서는 여러 가지 일들이 일어나고 있어요. 과학자들의 노력으로 자연 현상의 많은 부분이 밝혀지고 이해되어졌어요. 엔트로피는 그런 것 중의 하나지요.

하지만 아직 자연에는 설명할 수 없는 일들이 얼마든지 있어요. 자연은 자연의 비밀을 알아내고야 말겠다는 커다란 꿈을 가지고 어려서부터 열심히 노력하는 사람들에게 자신의 비밀을 조금씩 보여 줄 거예요. 자, 그러면 모두들 더 열심히 공부하기를 바라면서 엔트로피에 대한 이야기를 마치기로 하겠어요. 여러분, 강의 듣느라고 수고 많이 했어요.

과학자의 비밀노트

열역학 제2법칙의 다른 표현

어떤 계를 고립시켜서 외부와의 상호 작용이 없을 때 그 계의 분자나 원자들은 더욱 불규칙한 운동, 무질서한 운동을 하게 되는 쪽, 즉 엔트로피가 증가하는 방향으로 어떤 현상이 일어나며 그 반대의 현상은 일어나지 않는다는 것이 열역학 제2법칙이다. 이는 다음과 같이 여러 가지로 표현되나, 그 내용은 궁극적으로 같다.

→ 클라우지우스의 표현 : 열은 고온의 물체에서 저온의 물체 쪽으로 흘러가고 스스로 저온에서 고온으로는 흐르지 않는다.

→ 켈빈-플랑크의 표현 : 일정한 온도의 물체로부터 열을 빼앗아 이것을 모두 일로 바꾸는 순환 장치는 존재하지 않는다.

→ 제2종 영구 기관은 존재하지 않는다.

클라우지우스는 독일의 쾨슬린
(지금의 폴란드 코스잘린)에서 목
사이자 교장이었던 아버지의 여
섯째 아들로 태어났습니다. 클라
우지우스는 18세이던 1840년에
베를린 대학에 진학하여 물리학
과 수학을 공부했습니다.

대학 졸업 후 잠시 고등학교에서 물리학과 수학을 가르치
다가 24세가 되던 1846년에 대학원에 입학해 다음 해 할레
대학에서 박사 학위를 받았습니다. 그리고 2년 후인 1850년
에 열역학 제1법칙과 제2법칙의 내용이 들어 있는 아주 유명
한 논문을 발표했습니다.

열역학 제1법칙은 열도 에너지의 한 종류이며, 모든 에너

지는 그 형태를 바꿀 수는 있지만 총량은 변하지 않는다는 법칙입니다.

열역학 제2법칙은 열이 왜 항상 높은 온도에서 낮은 온도로만 흐르는지를 설명하는 법칙입니다. 운동 에너지는 모두 열에너지로 바뀔 수 있지만 열에너지는 모두 운동 에너지로 바뀔 수 없는 이유를 설명하는 법칙이기도 하지요.

클라우지우스는 이런 현상들을 설명하기 위해 엔트로피라는 새로운 물리량을 도입했어요. 엔트로피의 도입으로 열역학은 완성되었다고 할 수 있지요. 따라서 클라우지우스는 열역학을 완성시킨 사람이라고 할 수 있습니다.

열역학에 관한 연구로 과학계의 유명 인사가 된 클라우지우스는 스위스의 취리히 공과 대학, 독일의 뷔르츠부르크 대학, 뮌헨 대학, 본 대학 등 여러 대학에서 학생들을 가르쳤습니다.

1870년에 독일과 프랑스 사이에 전쟁이 터지자 당시 50세였던 클라우지우스는 학생들과 의무 부대를 조직해 전선으로 달려가 부상당한 병사들을 후송하고 보살피는 일을 했습니다. 클라우지우스는 이 일로 다리에 부상을 입었으며, 전쟁이 끝난 후 다시 대학으로 돌아와 대학 총장이 되었을 때 부상당한 다리 때문에 말을 타고 다녀야 했습니다.

과학사   세계사

● 우루과이, 브라질로부터 독립

스티븐슨
영국 스톡턴과 달링턴 간   1825
증기 기관차 최초 운행 성공

● 영국, 로렌드 힐이 세계 최초의
  우표 만듦.

마이어
열과 일 사이의   1840
에너지 보존 법칙 발견

● 영국, 스코틀랜드 에든버러에서
  벨(과학자, 발명가) 탄생

줄   1847
열의 일당량 실험

● 미국, 링컨 사망

클라우지우스   1865
엔트로피 개념 도입

● 미국, 천문학자 아삽 홀이
  화성의 2개의 위성 포보스와
  데이모스 발견

볼츠만   1877
새로운 엔트로피식 제안

1. 열기관은 높은 온도의 열원에서 열에너지를 받아 그 일부를 ☐☐ 에
   너지로 바꾸고 나머지는 낮은 온도의 열원으로 배출하는 기관입니다.

2. 영국의 줄은 높은 위치에 있는 무거운 추가 아래로 떨어지면서 물갈퀴
   를 휘저을 때 물의 온도가 올라가는 현상을 관찰하여 1cal의 열이 약
   4.2J의 운동 에너지에 해당된다는 것을 알아냈는데, 이것을 열의 ☐
   ☐☐ 이라고 합니다.

3. 한 종류의 에너지는 다른 종류의 에너지로 바뀔 수 있지만 에너지의 총
   량은 변하지 않는데, 이것을 ☐☐☐ ☐☐ ☐☐ 또는 열역학 제1
   법칙이라고 합니다.

4. 열은 높은 온도에서 낮은 온도로 흐를 수 있지만 낮은 온도에서 높은
   온도로는 흐르지 않습니다. 또한 운동 에너지는 모두 열에너지로 바뀔
   수 있지만 열에너지는 모두 운동 에너지로 바꿀 수 없습니다. 이 두 가
   지를 ☐☐☐ ☐☐☐☐ 이라고 합니다.

5. ☐☐☐☐ 는 열량을 온도로 나눈 양으로, 자연에서 일어나는 모든
   변화에서 줄어드는 일은 없습니다.

1. 운동 2. 일당량 3. 에너지 보존 법칙 4. 열역학 제2법칙 5. 엔트로피

원자는 실제로 존재하는가?

　물질을 쪼개고 또 쪼개면 원자라는 가장 작은 알맹이가 남는다는 원자론이 등장한 것은 1808년의 일입니다. 그러나 원자를 실제로 본 사람은 아무도 없었습니다.

　1860년 이후 화학자들은 원자론을 이용하면 분자의 구성과 물질의 성질을 잘 설명할 수 있다는 것을 알게 되었고, 원자라는 입자가 실제로 존재한다는 것을 받아들였습니다. 그러나 1900년까지도 원자와 같이 눈으로 볼 수 없는 것은 받아들이지 못하겠다고 버티는 사람들이 있었습니다.

　그러나 볼츠만은 원자와 분자가 실제로 존재한다고 믿고 원자와 분자의 운동을 기초로 하는 새로운 엔트로피를 제안했습니다. 볼츠만이 제안한 새로운 엔트로피는 열과 관련된 여러 가지 현상을 설명할 수 있는 폭넓은 의미를 지니는 것이었습니다.

그러나 원자가 실제로 존재하지 않는다고 믿고 있던 물리학자들은 볼츠만의 새로운 이론을 좋아하지 않았습니다. 볼츠만의 동료 교수인 마흐를 비롯한 많은 물리학자들이 볼츠만을 괴롭혔고, 이를 견딜 수 없었던 볼츠만은 그들을 피해 다른 학교로 옮겨갔다가 되돌아오기도 했습니다.

그러나 여전히 그를 괴롭히는 다른 과학자들 때문에 1906년 9월 5일 자살하고 말았습니다.

그러나 원자나 분자가 실제로 존재한다는 것은 볼츠만이 죽기 전인 1905년에 이미 증명되었습니다. 액체 위에 아주 작은 가루를 뿌리면 이 가루들은 끊임없이 움직입니다. 이것은 처음 발견한 사람의 이름을 따서 브라운 운동이라고 부릅니다. 아인슈타인은 액체 분자들이 꽃가루에 부딪혀 일어나는 현상이라는 것을 밝혀내어 분자들의 존재를 증명했습니다.

1900년대 말에는 주사형 투과 현미경(STM)과 원자력 현미경(AFM)이 발명되어 실제로 원자의 배열 사진을 찍을 수 있게 되었습니다. 눈에 보이지 않는 것은 절대로 믿을 수 없다고 버티던 물리학자들도 이런 사진을 본다면 원자가 실제로 존재한다는 것을 인정하지 않을 수 없을 것입니다.

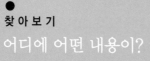